钱塘设计

周旭霞／著

浙江工商大学出版社／杭州

『钱塘江故事』丛书

总序

钱塘江，流淌不息的是故事

浙江省钱塘江文化研究会会长　胡　坚

钱塘江，是浙江的“母亲河”，流经浙江近 50% 的省域面积，世世代代滋养着浙江人民繁衍生息。

钱塘江是一条自然之江。它是浙江境内最大的河流。以北源新安江起算，全长 588.73 千米；以南源衢江上游马金溪起算，全长 522.22 千米。两岸青山叠翠，云卷云舒，村镇星罗，田野棋布。钱塘江因天下独绝的奇山异水而久负盛名，享誉古今。它哺育的美丽浙江，有看不完的风景、说不完的故事、讲不完的传奇。

钱塘江是一条梦想之江。钱江源头，一滴滴水珠汇聚成涓涓细流，形成山涧的清泉，从蜿蜒的山脉中豁然涌出，汇成溪流，聚成小河，凝成大江，涌成惊涛拍岸的钱江大潮。每一滴水都能在这个过程中，发现自己原来这么有力量。钱塘江以不息的潮汐告诉人们——只要有梦想，有方向，有凝聚力，渺小也能够构成伟大，数量就会变成力量。

钱塘江是一条精神之江。钱塘江赋予浙江人物质财富和精神财富，浙江人赋予钱塘江自然状态和人文形态。“天时”“地利”造就了钱塘江涌潮，“怒涛卷霜雪”“壮观天下无”。千百年来，钱塘江

“弄潮”是一种奇特的人文现象。“弄潮”之风在唐朝时兴起，宋朝时更甚。迎着滚滚而来、地覆天翻的江水，在声如雷鸣、涛如喷雪的潮水里，“弄潮儿向涛头立，手把红旗旗不湿”，气贯长虹的雄姿，给后人留下了不畏艰险、敢于拼搏、逆浪而进、力压潮头的人文精神。

钱塘江是一条艺术之江。自晋唐以来，钱塘江吸引了众多文人墨客前来游历论学。他们或探幽访胜，或宦游访友，或寄情山水，留下了无数诗篇华章，如白居易《忆江南》、柳永的《望海潮·东南形胜》等名篇，令画卷上的钱塘江弥漫着浓厚的书香与笔墨气息。在这里，诞生了无数绝世篇章。同时，成就了一代宗师黄公望的山水画巅峰之作《富春山居图》，造就了“中国山水画泰斗”黄宾虹等一批画家，诗情和画意绵延古今。另外，钱塘江还成就了吴越文化和在中国人文思想史上产生过重大影响的新安文化。孔氏家族“扈跸南渡”更是推动了儒学在江南的传播，开创了儒学新风尚。

钱塘江更是一条创造时代的奇迹之江。改革开放以来，浙江人民在建设中国特色社会主义的大潮中，干在实处，走在前列，勇立潮头，在钱塘江两岸创造了一个又一个人间奇迹，也创造了新时代的灿烂文化。特别是当我们走进新时代，吹响“实施拥江发展战略，努力打造和谐宜居、富有活力、特色鲜明的现代化城市”的号角，更让钱塘江彰显出勇立潮头、大气开放、互通共荣的时代精神。

钱塘江文化研究会聚集的这群人，有着一种强烈的文化情怀，要为挖掘、整理、塑造、传播钱塘江的文化尽微薄之力，做出自己的贡献。

编撰“钱塘江故事”丛书是这群人的一种探索和努力。我们相信，该丛书的出版，有助于增加人们对钱塘江的了解，有助于丰富人们的文化生活，有助于增强钱塘江文化的外在影响力和文化软实力。

我们将以自己勤劳的双脚去丈量钱塘江两岸的崎岖路径，以敏锐的眼光去发现钱塘江流域散落的故事，以与众不同的思考去感悟钱塘江的文化特质，以鲜活的文字去表达钱塘江的无穷魅力。我们会专注于那些有情感的故事、有品味的故事、有启迪的故事、有历史的故事和有回味的故事，让读者在阅读中体会钱塘江的好、钱塘江的美、钱塘江的厚重与钱塘江的温度。

“钱塘江故事”丛书将高度关注钱塘江流域村落的过去与未来，关注非物质文化遗产的传承与活化，关注历史艺术与当代艺术的生命与发展，关注民间风俗和风土人情的变迁与时尚，关注旅游和文化的融合与共生，关注每一个值得关注的历史细节与文化符号。丛书在讲究思想性、学术性、艺术性的同时，突出实用性、服务性、可读性，希望能成为爱好者的口袋书、旅游者的携带书、管理者的参考书。

我们带着朝圣般的虔诚，带着颤抖的灵魂，带着历史的使命做这样一件有意义的事。

虽然道路遥远，但我们已经起步。

是为序。

目录

空间设计

第一篇

钱塘设计

设计历史

钱塘自古繁华富庶。

作为历史上古老的通商口岸，钱塘很早就是商品云集、进出口繁荣的重要地区。在纷繁的商品流通过程中，历代行商坐贾活跃于城乡社会。明清时期，杭州商人将丝绸、瓷器、茶业等源源不断地运往京城和全国其他地方，并通过丝绸之路和港口远销中亚及欧洲大陆。

钱塘江畔的人们利用本地的优势资源，设计出颇具特色的产品。本篇章以西湖绸伞来展示钱塘厚重的设计史。

西湖绸伞

伞，是我国历史悠久的日常用品，至今已经有 4000 多年的历史。伞起源于我国古代，有各种传说。相传 4000 多年前，人们从孩童头上顶了一片荷叶遮雨而得到启发，发明了伞。最初的伞是用树叶、羽毛做的，后来逐渐被罗绢、油纸替代。在我国，丝绸织物出现后，就逐渐出现了以丝绸做伞面的伞，《通物志》中曾记载："张帛避雨谓之伞盖。"中唐之后，绸伞进一步流行。时为南宋都城的杭州，曾是全国制伞中心。市场上绸伞品类繁多，有大小黄罗伞、清凉伞、红绿小伞和方伞等，可供顾客选择。那时，绸伞大多被用于宫廷和官宦人家，成为地位和身份的象征。及至近代，杭州西湖绸伞脱颖而出，成了中国绸伞家族中的突出代表。

西湖多雨，又以绸做料，就有了一把以湖命名的伞——西湖绸伞。植根于杭州的西湖绸伞，伞面画有杭州西湖胜景，因此受到大众的青睐，而驰名中外。为传承保护我国优秀文化遗产，2008 年我国已将"西湖绸伞"列入第二批国家级非物质文化遗产名录。同时"西湖绸伞"也被列入"首批杭州市传统工艺美术重点保护品种和技艺"加以保护。

一、第一把西湖绸伞

西湖绸伞始创于 1932 年，由杭州都锦生丝织风景厂研制成功，至今已有 90 年历史。都锦生（1897—1943），号鲁滨，杭州人，1919 年毕业于浙江省甲种工业学校机织专业，留校任教。在教学实践中，他亲手织出我国第一幅丝织风景画《九溪十八涧》。1922 年 5 月 15 日，他在杭州茅家埠家中办起都锦生丝织厂。1926 年，都锦生已拥有手拉机近百台，轧花机 5 台，匠人 8 个，职工一百三四十人，已经建成名副其实的工厂。20 世纪 30 年代，江浙一带的工商业在风雨飘摇中逐步发展。杭州都锦生丝织风景厂生产的风景丝织物名噪一时，但有个美中不足之处就是每年只销春、秋、冬 3 季，到了夏季，工厂一部分车间就得停工。实业家都锦生不满足于现状，为了弥补淡季生产之不足，寻思开发与丝绸织物有联系的新产品。1932 年，都锦生组织一批工人去日本访问考察，带回 7 把日本绢伞。当时的日本绢伞式样谈不上美观，伞面粗糙发白，也没有什么图案花样，但都锦生从中得到灵感启发，设想充分利用杭州地区的特产——丝绸和竹子，尝试制作绸伞，于是他调集厂里的制作人员，其中以竹振斐艺人为绸伞研发的技术骨干，不惜代价试制西湖绸伞。绸伞的伞面用绸是不成问题的，都锦生丝织风景厂有专机可以织造，但伞骨问题较大，当时杭州没有人会做，厂方派人四处访贤，最后了解到富阳鸡笼山有一个纸伞工——戴金生擅长制作纸拿骨，都锦生不惜重金聘请戴金生，试制绸伞伞骨。戴金生经过 1 年多的精心琢磨和实践，终于成功。伞骨问题解决后，其实还有不少困难。例如刚开始是伞顶开洞太大，装上去的伞面会产生皱纹，很不雅观，浪费了几十匹绸缎。这个问题经过半年的摸索才得以解决。他又发现伞头包不好，撑伞时不灵活，又容易折断，摸索了 3 个月方才突破。

伞面的装饰也是反复推敲而定的。投产初期，只有 5 人参加试制生产，每把伞卖 7.50 元（约合 1 担米的价格，1 担米就是 100 斤米）。第一批绸伞伞面没有图案花样，与日本的绢伞相差不远，所以伞的销路并不好。l934 年春节后，都锦生聘请了一个善绘花鸟的大学生为绸伞伞面做装饰设计，半年画成了蹲头、方块、白鹿等图案，但颜色与绸伞不协调，消费者仍然没有兴趣。后来都锦生又雇用工人刺花，但刺花图案不够生动，无法衬托虚实明暗，仍没什么业务。最终他以西湖风景图代替其他图案，用刷花工艺进行表现定格，从而真正地体现出绸伞的独特情趣。

一把绸伞经过多次艰辛的革新试制，经历了 2 个春秋，终于在 1934 年仲夏之时，极具江南风格的西湖绸伞制作成功了。都锦生为扩大新产品的影响力，花费 800 多元，特别邀请了当时红遍南北的上海电影明星胡蝶、徐来到杭州，为绸伞成功开发的庆典揭幕，并为新产品做广告。西湖绸伞一炮走红，引领当时上流社会的时尚潮。从此这种蕴含了杭州地域文化特质的绸伞，随着杭州西湖的亮丽景色，饮誉中外，扬名天下。

二、乱世中的西湖绸伞发展

都锦生丝织风景厂为了垄断绸伞生产，曾千方百计保守技术秘密。1935 年，都锦生丝织风景厂的工人、西湖绸伞创始人之一竹振斐离开了都锦生丝织风景厂，用 100 多元资金在本市茅家埠搭建了简单的绸伞作坊，应该说是创办了第一家专门制造西湖绸伞的作坊，取名“振记竹氏”。最多时，“振记竹氏”作坊有 15 名工人，月产量达 250 把，但不久，由于缺少资金及西湖绸伞淡旺季销售变化幅度太大等，亏本负债，作坊倒闭。刚巧此时，启文丝织厂老板从香港回来，看到西湖绸伞，认为这个产品还是有利可图的，就聘请竹振斐到启文丝织厂去工作。都锦生和启文2家丝织厂为了竞争绸伞生意，一方面降低绸伞一半左右的价格进行销售，另一方面提高绸伞产量。同时，在本市南班巷等处也相继有“王志鑫”等零星的绸伞生产家庭小作坊出现，所产的绸伞一般是放在杂货店里零售。

在抗日战争全面爆发之前，杭州本市的绸伞仅限于市内门店销售，销售对象全是西湖游客。由于春季和秋季西湖游客多，绸伞经常供不应求，需要事先订制。有的游客为了订购绸伞，甚至在杭久留不归。各厂各户往往加班加点生产，有时也会粗制滥造来应付顾客。而每年9月开始到次年的2月属于淡季，又会因为绸伞没有销路而使得一些作坊停产转业。1951年以前，全市绸伞年产量逐渐提高到约800把。

制作西湖绸伞的工厂（作坊）共有6家，从业人员30人。抗日战争全面爆发后，杭州一度沦陷，游客绝迹，绸伞生产陷入停顿状态。抗日战争胜利后，西湖游客逐渐增多，绸伞业又开始恢复。国民党统治区的市场，一度出现虚假的繁荣，到1948年，西湖绸伞的年产量超过1万把，从业人员也发展至56人，达到历史的顶峰。

三、中华人民共和国成立之后的西湖绸伞

1. 杭州风景绸伞厂的成立

中华人民共和国成立后，党和政府重视并大力扶持手工艺品的生产和发展。1951年和1952年，在连续开了2次浙江物资交流大会和杭州

土特产交流大会后，绸伞被列为杭州特种工艺品之一。浙江省土产出口公司和绸伞生产户挂上了钩，一方面直接向绸伞生产户订货，并帮助他们到银行贷款，另一方面帮助绸伞生产户到上海、天津等地打开销路。1952 年下半年，西湖绸伞作为本市第一宗出口的手工艺品，由土产出口公司收购，外销苏联。此时，杭州的绸伞正品全部出口苏联，流向各个社会主义国家，以及印度尼西亚、锡兰（现斯里兰卡）、意大利、菲律宾、印度、缅甸等 40 余个国家，绸伞销售市场从国内扩大到了国外；国内销售市场由本市扩大到东北、华北、西北等地区。由于打开了销路，那一年全市绸伞总产量达到 17360 把，还供不应求。

绸伞工人以前旺季来、淡季去的困苦生活从根本上得到了改变，绸伞业迅速发展起来。据杭州市工业生产合作社联合社组成的绸伞调查组调查，1953 年初，全市共有绸伞生产户 5 家。每月生产绸伞 2000 余把，生产均分散在各自的家庭里，互相严格地保守技术秘密，产品质量和规格也各有差异，生产绸伞所用的绸向中蚕公司预订，所用丝线、鱼胶、包头纸等辅料在杭州市场上采购，所用伞骨由浙江省土产出口公司向富阳鸡笼山农户收购，然后，分配给各户。当年，浙江省土产出口公司发动 100 多人投入伞骨生产，有力地支持了绸伞的发展。到年底，绸伞生产户增加到 9 户，全年产量达 62112 把。

为了提高绸伞质量，解决各家生产单位之间在原材料供应上的矛盾，便于浙江省土产出口公司的统一收购，满足出口任务的需要，1953 年，省、市政府部门组织“振记竺氏”伞作、金星绸伞工业社、万丈伞作、王志鑫伞作、徐顺德伞作、老人和伞作、孙沅兴伞作、“五一”绸伞作、“三一”绸伞作等 9 个绸伞生产户，组成杭州市“绸伞联营处”。“绸伞联营处”各户其实还是分散生产经营，自负盈亏。浙江省土产出口公司通过该联营处向各户订货，供应原材料。

1954 年 12 月 6 日，在合作化高潮刚刚兴起的时候，“五一”绸伞作、“三一”绸伞作、“振记竺氏”伞作、王志鑫伞作、徐顺德伞作 5 个绸伞生产户与金星绸伞工业社合并成立杭州市绸伞生产合作社，当时有社员 59 人，固定资产 0.013 万元，流动资金 1.16 万元，社址为小营巷 58 号。合作社发展很快，成为杭州绸伞业的主力军。1956 年 1 月，万丈伞作、孙沅兴伞作、老人和伞作、金星绸伞工业社 4 个绸伞生产户并入公私合营德丰新绝缘材料厂，成立绸伞车间，后来划转到公私合营印花绸伞厂，又划转到公私合营丝绸印染厂。1957 年 7 月 1 日，丝绸印染厂的绸伞车间与都锦生丝织风景厂的绸伞车间合并，成立公私合营杭州绸伞厂，职工 80 人，厂址在天水桥。

一系列的合作、合营，虽然改变了一家一户的生产方式，但经济类型多，管理制度混乱，工资制度也不合理，在一定程度上影响了绸伞生产者的劳动积极性。1956 年，全市绸伞从业人员虽然仅有 200 余人，经济类型却有公私合营的绸伞厂、集体所有制的绸伞生产合作社、季节性生产纹工社绸伞工场（纹工一般在冬季较忙，夏、秋淡季中有部分踏花边人员临时改做绸伞）及工场手工业和个体手工业联合起来的“绸伞联营处”。因此，在绸伞产品上容易出现步调不一致的现象，各家单位相同工种计件单价也不一样。

为了缓解绸伞生产合作社和绸伞厂归属不一，领导多头，在原料、销售、价格、分配等方面的矛盾，组建全市性集中的绸伞生产企业势在必行。1958 年 9 月 29 日，杭州市绸伞生产合作社、公私合营杭州绸伞厂及杭州市丝织风景生产合作社 3 家企业合并，这时候，杭州全市所有绸伞生产单位和绸伞艺人均汇集到一个厂，成立地方国营杭州风景绸伞厂（后改名为西湖伞厂），形成了绸伞业统一的局面。厂内划分 3 个车间：一车间为厂部所在地坝子桥弄 18 号，二车间在天水桥，一、二车间为制伞车间；三车间为丝织风景车间，地址是林司后 68 号。后又建立了车木车间和油漆组。

2. 杭州西湖绸伞的辉煌

西湖绸伞发展史上的鼎盛期，要数 1958 年和 1959 年了。经历了风风雨雨之后的这段时间，绸伞产量急剧增加，从业职工达 457 人，绸伞的规格有不少改进，质量也有所提高。伞绸从原用较厚的钢扣纺改用丝织造，使绸伞更具半透明的朦胧意趣，花板由单套改为双套，风景图案从单色改为彩色，加之改进刷花方法，伞面图案更显鲜艳秀美。包伞头从原用皱纸改用绸料和牛皮纸，提高了牢固度。品种由单一的普通绸伞，增加到彩虹伞、漆骨伞、绘花伞、排须伞、绣花伞、乔其纱伞、长头柄伞、晴雨两用伞等 12 种；伞面花样图案由原来的“平湖秋月”“三潭印月”“苏堤春晓”“断桥残雪”“雷峰夕照”“六和塔”等 9 种杭州风景图案，增加到“首都北京”“南京”“苏州”等 10 多处地市的风景图案；绸面颜色也从原来大红、品蓝等 6 种增加到 17 种。都锦生风景绸伞厂的艺人们提出口号：“要用我们的劳动和智慧，把杭州装饰得比天堂还美。”都锦生风景绸伞厂还开展劳动竞赛，1959 年，西湖绸伞的产量大幅提升，增加到 60.23 万把，达其有史以来产量、销售量的最高值，使其焕发出了绚丽光彩，与中华人民共和国成立前产量最高的 1934 年相比，增长了约 60 倍；出口量达到 40 万把，荣居杭州市手工艺品之首，产品外销苏联、欧洲等国家和地区。（见表 1–1）那一年，不管是绸伞年产量还是出口量，均达到了绸伞生产历史上的最高峰。

当时，主管部门为了支持绸伞生产大发展，经杭州市计委批准，拨款5万元，在天水桥征地建造了一幢约3000平方米的绸伞大楼，杭州市工艺美术研究所设立了绸伞研究室，大大地促进了绸伞生产的发展。

表1-1 西湖绸伞历年产量、出口量一览表（1934—1962年）

年份	产量（万把）	出口量（万把）	年份	产量（万把）	出口量（万把）
1934	0.01	—	1952	1.73	0.6
1935	0.08	—	1953	6.21	5.11
1936	0.1	—	1954	9.43	7.87
1937	0.03	—	1955	10.91	8.20
1938—1945	停产	—	1956	18.11	15
1946	0.014	—	1957	32.19	25
1947	0.1	—	1958	44.24	32
1948	1	—	1959	60.23	40
1949	0.36	—	1960	44.07	8.2
1950	0.48	—	1961	21.66	10.24
1951	0.99	—	1962	26.34	13.88

资料来源：黄燮浩《杭州西湖伞厂厂志（1958—1986）》。

3. 杭州西湖绸伞的衰退

西湖绸伞从1952年开始大量出口苏联，再由苏联分销到东欧各国。由于出口苏联一直是西湖绸伞唯一的外销渠道，因而西湖绸伞一度成为中苏关系的晴雨表，也成为中苏关系恶化的直接受害者。20世纪50年代末，正当西湖绸伞行业扶摇直上的时候，受中苏关系恶化的影响，绸伞出口急剧减少，生产、经营一落千丈、急转直下。1960年第二季度，出口计划骤然中止，上海进出口公司不久也停止了收购，外销渠道断绝。再加上国内正处于困难时期，人民生活水平下降，绸伞根本没办法在市场上销售，企业也一时濒临绝境。上级主管部门为了缓解企业的压力，1960 年 6 月和 7 月间以“大办钢铁”“支援重工业”为由，从厂里调走 250 名职工。由于产品无销路，企业还是无法维持，主管部门再借出 114 名职工到外单位工作，有去园林管理局拔草的，有去游泳池当管理员的，有去扎剪刀、摇龙头麻线的，厂内仅留 57 人坚持小批量的绸伞生产。留厂职工每月领取 50%—75% 的工资，外借职工的工资的差额由外单位酌补。不久，企业的经济性质也由全民所有制调整为集体所有制。

1966 年“文化大革命”开始后，绸伞被当作“四旧”，1970 年被迫停产，职工也被分配到其他生产班组，改做钢骨晴雨伞。

1972 年 2 月，美国总统尼克松访华。在访华行程中，他离开北京后的第一站即是杭州。饱含中国文化深蕴的西湖受到尼克松一行的交口称赞，西湖绸伞也被作为国礼送给美国客人。绸伞作为赠送外宾的高级礼品，再次受到外事部门的关注，柬埔寨西哈努克亲王等不少尊贵的客人来华访问，都被赠送了绸伞。除了中美关系的改善和中国对外交往的扩大，绸伞的外贸需求也出现了新的发展趋势。为了满足出口的需要，杭州重新建立绸伞小组，开始小批量生产，这时，中央也下达了保持传统工艺产品的指示。绸伞生产慢慢恢复，但数量比较少，1972—1974 年，每年只有三四千把。1975 年和 1976 年，出于绸伞原料淡竹来源困难及价格等方面的原因，企业出现经营性的亏损，绸伞生产再度停顿。为保留传统产品，1977 年后恢复绸伞生产，但数量极少。

1978 年，杭州成立了工艺美术研究所，所里专设西湖绸伞部门，竹振斐被聘为西湖绸伞部门主任。他利用研究所的有利条件，开展了绸伞的新产品研发。其间，他陆续带了 5 个学徒。其中宋志明先生目前仍在从事这项工作，2010 年被列为杭州西湖绸伞“非遗”传承人。

改革开放后，绸伞的产量开始恢复。1979—1986 年，绸伞每年的产量不过 1 万余把。1986 年，绸伞生产的产值只约占西湖伞厂总产值的 1/500，制作人员约为全厂职工总数的 1/50。

表 1-2　西湖绸伞历年产量、出口量一览表（1963—1986 年）

年份	产量（万把）	出口量（万把）	年份	产量（万把）	出口量（万把）
1963	11.18	—	1975	—	—
1964	2.34	—	1976	—	—
1965	1.68	—	1977	0.13	0.1
1966	1.4	—	1978	0.64	0.5
1967	1.13	1.02	1979	1.16	0.38
1968	0.89	0.77	1980	1.48	0.44
1969	0.58	0.44	1981	1.55	0.51
1970	—	—	1982	1.65	0.67
1971	0.04	—	1983	1.16	0.27
1972	0.36	—	1984	1.1	0.28
1973	0.45	0.14	1985	1.04	0.01
1974	0.36	0.15	1986	1.23	0.01

资料来源：黄燮浩《杭州西湖伞厂厂志（1958—1986）》。

20 世纪 80 年代，冒牌“杭州西湖绸伞”大批涌入市场，尤以江西产“杭州西湖绸伞”为盛。这种伞以仿真的人造纤维作为伞面，伞骨也以劣质毛竹所制，伞面图案庸俗，工艺粗糙，售价仅及杭州西湖绸伞的1/3，甚或更低。这种伞，由于价格便宜，而多数外地游客只知绸伞是杭州特产，不辨真假，结果使其市场占有率极高，大大地降低了杭州西湖绸伞的文化内涵及品质口碑，严重地冲击了杭州西湖绸伞的市场。

面对假冒伪劣充斥的绸伞市场，人们不禁要问：真正的西湖绸伞是什么样的呢?

四、西湖绸伞的设计之美

“绚丽多彩遮得暑，西湖绸伞美绝伦！”这是一位日本朋友用高超的书法写下的赞美西湖绸伞的诗句。在出售西湖绸伞的柜台前也经常可以听到这样的美誉，西湖绸伞称得上是杭州工艺品中的佼佼者！据外贸人员说，如今无论在纽约、伦敦，还是在巴黎、东京，甚至阿拉伯半岛，都可以看到西湖绸伞，它展现了中国古老文化的高超艺术成就。

说到西湖绸伞诗情画意的工艺，主要以伞体的材质之美、工艺之美和画面之美的设计制作而享誉天下。

1. 材质之美——淡竹丝绸的绝美组合

从材质美上讲，西湖绸伞撑开放射性伞骨的竹是杭州附近安吉、德清一带特有的淡竹，而不是一般的毛竹。淡竹有质地细腻、竿直均匀、性韧坚实、曝晒不弯的特点。制伞的淡竹要求直径在5—6厘米，竹节上下间隔在25—26厘米，竹面无斑、无阴阳面、3年以上竹龄。选竹，俗称“号竹”，每年霜降后的腊月是最佳砍伐时节。过嫩、过老、过小的竹都不能要，每根淡竹只能制作2—3把伞骨，其余的另作他用。一节淡竹竹筒均匀劈成32根或36根细条长伞骨，另配短伞骨和杆组成伞体，收拢时像是一段淡雅的圆竹，这样的伞把手握在手上才能显现出舒适感。伞头和伞柄采用上好的木纹细密的樟木，而伞面的面料选择也很讲究。杭州是“丝绸之府”，杭嘉湖平原盛产蚕丝，丝绸中最佳的选择是薄如蝉翼的乔其纱，很适合制成伞面。织造精细、质地轻软、透风耐晒、易于折叠，常用的西湖绸伞伞面色有正红、枣红、墨绿、宝蓝、粉绿、桃红、天蓝、群青、粉绿、草绿、柠檬黄等20余种。而流传于民间的《白蛇传》中“游湖借伞”的故事更使西湖绸伞增添了一分神话色彩。淡竹和丝绸的绝配，使西湖绸伞的画意跃然于潮人面前……

2. 工艺之美——18道工艺口授心传

“撑开一把伞，收拢一支竹”，这是西湖绸伞的主要特色。西湖绸伞选材考究，在制作工艺上更胜一筹。西湖绸伞的主体由伞骨和伞面组成。伞骨采用江南特有的淡竹制成，这种竹篾质地细洁，色泽玉润，烈日暴晒也不会弯曲；同时采用古老的套合技艺，不用任何黏合剂。它的圆形伞面采用特制的伞面绸制作而成，这种伞面绸薄如蝉翼，织造精细，透风耐晒，易于折叠，色彩瑰丽。随着人们审美观念的改变，绸伞伞面有了新的变化，除丝绸外，还采用蓝印花布、手工万缕丝、电脑绣花布等面料。伞面还加以刷花、绘花和绣花等装饰：刷花采用多种套色，以杭州西湖风景为题材；绘花则采用中国传统国画的技巧，以仕女、花鸟为主；绣花则题材多样，工艺精细，鲜丽秀雅，具有良好的艺术效果。西湖绸伞制作精巧，因其采用杭州本地独有的淡竹、杭州丝绸和杭州西湖风景装饰图案3项具有杭州特色的元素加以创作和设计，同时具有精致的选材、繁复的18道手工工艺流程和丰富的品种规格而名扬天下。除了采竹、劈竹、伞骨加工、车木在产竹基地制作，其后续几道工序更需精工细作，全部采用手工完成，环环相扣、口传心授、师传徒承。

西湖绸伞种类分为日用伞、装饰伞、舞蹈伞、杂技伞等。西湖绸伞造型轻盈、设计奇巧、制作精细、高雅美观，既有日用价值，又有欣赏价值，具江南艺术之神韵。

3. 画面之美——三花工艺不可或缺

西湖绸伞的材质美、工艺美是取胜的关键，而伞面的画面美更是不可缺少的。伞面装饰传统工艺上俗称三花，即“画花、刷花、绣花”。说到伞面上的绘画，那与在纸质、板质、布质上的绘画有着本质的区别，伞面乔其纱凌空发软，纱料经纬密度不高，在纱上绘画如同赤着脚蹚河泥一样，笔势、水分、顿、挫、提、按的快慢速度都需掌握得恰到好处，才能收到你所需伞面的艺术效果。

“刷花”是西湖绸伞在20世纪六七十年代的发展中盛行起来的，因出口创汇需要，国家出口工艺品数量剧增，西湖绸伞每年产量达60多万把。设计师们设计好图案，用清漆刷过的马粪纸，晾干后在上面绘制组合图案，镂空刻制成套色版样，根据色版，层层刷色、简洁方便、易于生产。“绣花”的西湖绸伞，是比较精贵的一种，其中盘金绣又名金银绣，是杭州刺绣最古老的绣种之一，用比丝线粗两三倍的金银线，用齐针、别针、套针的绣法，在西湖绸伞上绣制出“二龙戏珠”“飞龙”“百寿图”“宝相花”等，可谓富贵经典。收藏艺术价值让人叹为观止。

随着生活水平的提高和对精神文化的“中国梦”追求，人们对西湖绸伞的艺术个性化的要求也日趋提高，手绘的、精制的、个性化的伞面图案绘制越来越受到人们的热捧。这些赏心悦目的伞面，以及其独特的材质美、工艺美和画面美成为工艺艺术中的奇葩。

五、西湖绸伞的18道工序

制作西湖绸伞有 18 道工序。第一道是选竹，制作绸伞的竹子一般选用浙江安吉、德清一带的竹子，但它不是普通的毛竹，是淡竹，选竹时我们跟着师傅由竹农带着到一片淡竹林里，碰到合适的竹子，我们拿一只油漆罐和一支毛笔，一一做上记号。不是每枝淡竹都可以用，一般选择生长期在 3 年以上的竹子，直径为五六厘米，不能有阴暗面，然后做上记号，由竹农砍下来。为什么要选择直径五六厘米的竹子呢？主要是考虑雨伞收拢后的手感问题，收拢后手捏不牢了就说明竹子太粗了，绸伞就不精细了。选竹的时间一般是每年的“双抢”以后，“双抢”后淡竹的病虫害少了，但是即便这样，也要在做成伞架后进行防腐处理，一般春竹是用不来的。选好竹子后就拿到加工点，劈伞骨、做伞架，也就是第二道工序伞骨加工了。我们主要是跟着师傅做检验，西湖绸伞伞骨的制作是很有讲究的，都是手工劈的，一把伞劈下来骨子要均匀，粗细要一样，粗细不一样伞收拢时的效果就不好了，就不圆了。这个过程是蛮苦的，我们都是在农村蹲点，住在农民家的，比如我们到安吉选好竹子，再拉到富阳的伞骨加工点加工伞骨（因为伞骨质量由我们来检验），这个过程我们都要跟牢。等伞骨做好了，我们再拉回杭州制作绸伞，包括裁绸拼角、伞骨撇青、换腰边线、绷面上浆、上架、剪糊边、伞面刷花、穿花线、扎伞、贴篾青、装杆、包头、打钉扣、胶头柄、检验、包装出品，加上前面的选竹和伞骨加工，一共 18 道工序。这 18 道工序里最有技术性的就是上架，上架就是把伞面上到骨架上去，要求一定要平整，不能起皱。还有一道是贴篾青，我们做绸伞时要把竹子的篾青与伞骨分开，分别编上号码，等把伞面夹在两者中间后，再按照对应的号码归位，这样把伞骨收拢后就是原来竹子的形状。

表 1–3　18 道工序名称及要求

序号	工序名称	工序要求
1	选竹	选择生长期在 3 年以上的竹子，直径要在五六厘米
2	伞骨加工	骨子要均匀，粗细要一样
3	裁绸拼角	选好居中圆心，把绸拼成伞面圆形。要求选好料，拼角要居中，针脚不宜过长，一般每厘米 2 针
4	伞骨撇青	把伞骨的篾青和篾黄分开，并编好号，要十分注意，篾青不能撇断，上下编号字迹要清楚，第一根竹青和最后一根竹青按顺序做好记号
5	换腰边线	伞骨劈好钻孔后，用普通的棉纱线经孔穿起来，做成伞时要把此线换成彩丝线，伞面绸用什么颜色，丝线也用什么颜色，且注意不要把杈短拉破，边线要拉紧
6	绷面上浆	上浆前首先要检查绸面是否有白斑、跳丝、断头，绷时丝纹要拉正直，上浆要均匀，当心绷圈成蛋形驼背状
7	上架	即注意胶水涂均匀，档子上排均匀，不跳就可
8	剪糊边	剪边要一样宽窄，不能太宽或太窄，还要防止露白线，先要剪得好，才能糊得好。要求剪时注意些，看准后再下剪是可以做好的
9	伞面刷花	刷花（亦可画花、绣花），根据图案套色版子，要求板版对准、层层套色、循序渐进、刷出立体感，防止脱胶和脱版
10	穿花线	把 32 或 36 根伞档子用丝线按次序串起来，样式并不固定，十字交叉型、平行穿线法都可以，总共需 296 针左右，连线成一种简要的图案，这样既不脱节，又具有艺术性，要防止脱节或把短杈弄断

续表

序号	工序名称	工序要求
11	扎伞	这道工序主要是给伞正形。扎伞时要扎紧，不能反复勒，绸面不要露出（从 2 根伞骨间挤出来）
12	贴篾青	伞面糊好后把原来撇下来的篾青按号再贴到原来的篾黄上去。这道工序直接影响到伞的外形，比较重要。要求三齐：尖头齐，竹节齐，边齐。不偏左右，没有胶水迹
13	装杆	伞在手上收撑时铜跳子要灵活，安装角度：天气干燥时装 95°，天气潮湿时装 90°。因为如果气候潮湿时装 95°，那么等天气干燥时伞撑开就不止 95°，伞面就要往上翻了
14	包头	包伞头时油漆要涂得均匀、光滑，伞头不露篾青、篾黄。包好后检查一下收撑是否灵活
15	打钉扣	钉扣要紧靠竹青打，不能把绸面拉破，蝴蝶结要打均匀
16	胶头柄	柄要胶得正直，不歪斜
17	检验	检查牢固度
18	包装出品	保证最终“撑开为伞，收拢成竹”

资料来源：参考《杭州西湖伞厂厂志（1958—1986）》，并结合西湖绸伞传承人宋志明口述，由笔者整理而成。

六、国家级非物质文化遗产及其传承人

2008 年，西湖绸伞被列入第二批国家级非物质文化遗产名录；同年，杭州市政府立项建立国家级中国伞博物馆。为配合中国伞博物馆的筹建，杭州市工艺美术研究所着手扩建了绸伞研究室，对濒临失传的西湖绸伞

制作技艺进行恢复，并组织了健在的老艺人创制了一批绸伞精品。杭州市工艺美术学会也加大了力度协助研究所做好原始资料的整理和抢救工作（西湖绸伞老艺人及传承人资料见表 1–4），以期使具有江南韵味的西湖绸伞艺术得以传承和光大。

表 1–4 西湖绸伞老艺人及传承人资料

序号	姓名	性别	出生年份	从业起始年份	专长	传承脉系
1	宋志明	男	1959	1977	制伞	竹振斐
2	陈田荣	男	1937	1954	制伞	竹振斐
3	安金陵	女	1949	1974	制伞	竹振斐
4	金雅云	女	1941	1958	制伞	竹振斐 游静芝
5	周莲珠	女	1939	1958	制伞	竹振斐
6	强建军	女	1952	1976	制伞	竹振斐
7	张金华	女	1956	1978	制伞	竹振斐
8	吕庆庆	女	1959	1978	制伞	安金陵
9	单文兰	女	1938	1951	制伞	杜家良
10	钟水英	女	1943	1964	制伞	竹振斐
11	童芳英	女	1944	1960	制伞	竹振斐
12	林雪晖	女	1972	1991	制伞	安金陵

以下是宋志明(第三批浙江省国家级非物质文化遗产代表性传承人)的口述：

我是1959年10月出生，1977年10月进入杭州市工艺美术研究所，当时研究所有绸伞室、石雕室、刺绣室、灯彩室。我父亲那时在市财税局，管二轻系统的，我年纪轻，想学点手艺，就进了研究所学做绸伞，被分配到绸伞室跟着竹振斐师傅学做绸伞。刚进去时，我是每天8角钱的临时工，干点制作刷画的版子、选竹的活。大概过了3年，研究所正式招工，就转成正式工，以后一直在做绸伞。最多的时候，绸伞室有13人，其中包括打样及生产人员。

西湖绸伞的用途主要是遮阳、拍照，更多的是装饰，另外它毕竟是杭州的传统产品，还可以当作礼品送人。按照用途分，西湖绸伞主要分为装饰伞和舞蹈伞。大概20世纪70年代的时候，我曾经跟我的师傅试验成功了一种绸伞的新品种——防雨绸伞，当时二轻系统是有科研资金拨下来的，它在小雨的时候是可以用一下的。防雨绸伞所使用的绸密度大一些，我们用的是斜纹绸，再在绸面上做防水处理。

北方人很喜欢西湖绸伞，上海人也很喜欢。20世纪80年代，其实当时有一个西湖绸伞厂，一年要生产10多万把绸伞，出口到东欧国家，也是做装饰用的。西湖绸伞厂是专业生产绸伞的，量大，生产的基本是一个品种的绸伞；而我们绸伞工作室，是专门研发绸伞新品种、做小批量绸伞的，品种多，价值高。我们研发的新品种有的给西湖绸伞厂做，如果他们不采用我们就自己做，但是量不大的。像前面说的防雨绸伞，他们没做，因为嫌成本太高，我们就自己做了，也在市场上投放了，效果不错。

我师父又会制作绸伞，又搞理论研究，是比较全面的，他是1989

年去世的。我们后来一直遵循竹师傅所教授的传统工艺进行制作，平均一人一天生产一把成品伞，年产量约 1500 把。所产西湖绸伞大多销往工艺美术服务部，后发展到杭州天工艺苑、杭州友谊商店，同时也销往北京、上海、广州等地的涉外商店，其中以广州的销售情况最佳。这样的生产销售模式一直持续到 1995 年。

1995 年体制改革，杭州市工艺美术研究所改为杭州市工艺美术研究有限公司，我们成了公司的股东。在 1995 年研究所改制时，绸伞制作曾经停过一段时间，那时我们几个做绸伞的都出去做了。我是在研究所停薪留职，到富阳当地加工伞骨的地方找了一批人开始制作绸伞。从 1995 年到 2002 年这一时期是绸伞制作、销售最好的时候，这个时期我们的订单来自全国各地，得奖也是在这个时期，西湖绸伞 1990 年获中国工艺美术百花奖一等奖，2001 年获世界华人专利技术博览会金奖。我大概得过 2 个铜奖、1 个金奖，还有优秀奖，最高的奖项就是 2003 年获得的杭州市优秀旅游商品金奖。

同时，另一家生产西湖绸伞的厂家是由我的师姐安金陵在建德成立的。2 家厂的工作人员都只有 5 位，年产量总和大约在 3000 把，后逐渐稳步增长到 8000 把，以涉外为主，少量在杭州西湖等旅游景点售卖。

21 世纪初期，特别是 2002 年以后，西湖绸伞销量开始滑坡，江西、湖南等地的廉价、仿冒西湖绸伞冲击市场，整个绸伞市场开始萎缩。我开始搞工艺品，也做绸伞，但不多，我当时想这块招牌毕竟是老祖宗留下来的，扔掉比较可惜，还是要尽可能地做，这部分放进去的精力、资金也不少，到现在库存的绸伞还有很多。现在专做绸伞的仅有 1 个人了，在杭州中国伞博物馆现场做伞。2008 年 5 月杭州筹建中国伞博物馆，当时他、西湖绸伞厂的一个师傅还有我——我主要帮助协调一下——做了1年多的时间，制作了一批绸伞。1995年，我在富阳做的时候叫了一批年轻的人制作绸伞，他们现在也有三四十岁了，都不做绸伞了，都在皮具厂、家具厂干活。除了这帮人以外，年轻的人都不会做绸伞了。

现在西湖绸伞的伞面图案有很多，原来主要以“西湖十景”为主，还有人物、山水，后来刷绘结合。“刷”是指刷花，刷花是最传统的工艺之一，就是先将图案画好，刻好版子，再把用丝网制成的网板放在伞面上，蘸上颜色进行涂刷。现在这个工艺基本不做了，因为有些原材料买不到了，连网板现在都没有人愿意做了。

2008年，我被评为国家级非物质文化遗产西湖绸伞制作技艺传承人，国家现在对这一块非常重视，有专项资金拨下来的，总共拨了8万元左右，这批钱都到了研究所，后来都用在做中国伞博物馆的那批伞上了。2008年至今销量在1000把左右，销售点在杭州大厦、杭州百货大楼、天工艺苑等，销量不稳定（每月0—3把）。我自己也想把绸伞再做起来。但是现在制作绸伞问题很多：第一是工人很难找，找外地人需要安排吃和住。第二是绸伞没什么市场，不可能一下子做很多绸伞，没有市场，伞卖不掉的，我估计一年销几百把应该没什么问题。第三是在杭州制作绸伞成本太高，杭州西湖绸伞的重要原料丝绸，价格涨幅较大。01乔其纱、8姆米的电力纺等，2009年的售价分别为每米18元和15元，到2012年，其售价高达40元和35元，涨幅达到200%—300%。外地产的伞便宜，质量也可以，这样西湖绸伞一报价，人家都觉得价格很贵。上次有个湖南人来，说起给工人的月工资是二三百块，那个地方很穷，门打开就是一大片竹林，这样他的成本就很低廉了，他们的雨伞从义乌批发市场出来只要七八元，而我们的伞骨让老师傅劈一下，工钱就要5元一把，这样根本就没办法做了。今后，我想绸伞还是要继续做下去的，就是做少点，做精品，只能走高端路线。至于它的创新是比较麻烦的，因为伞骨这里不能动，动了就不是绸伞的特色了，只能在图案上变化一下，还有伞头、伞杆上做得精致点。我曾经做了一把绸伞捐给了中国伞博物馆了，很高档，画了西湖全景，伞杆是红木的。我打算再带几个徒弟，也准备把它排到今年的计划中，利用我租的仓库选一两个人制作绸伞。

七、传承独特的设计文化

西湖绸伞一经问世，便大受欢迎，特别成为女士们的最爱。如今西湖绸伞成了很多女士出游必带的装饰品。放置在精美的盛具内，又成为馈送亲友的高档礼品，行销世界各国。经过多年不断地改进，现在已有数十种花色品种，试制成功了刺绣伞、国画伞、童绸伞、刻骨伞等 10 多个新品种。国画仕女伞完全是艺人手画的，有“黛玉葬花”“嫦娥奔月”等图案，增强了绸伞的艺术观赏价值。

国际上，特别在初创时期，西湖绸伞之所以能击败日本的绢伞而占上风，一个重要因素在于它不仅利用了杭州盛产丝绸的优势，而且选用了浙江各地出产的优质竹料，这是其他地区所无法匹敌的，当时西湖绸伞制作成本也比较低廉，战胜了以钢骨绢面制成的绢伞。西湖绸伞不仅得到国内群众的青睐，甚至在当时的日本市场，更以绝对优势击败了称雄一时的日本绢伞，在日本街头，也出现了“中国绸伞热”。

西湖绸伞这一依赖传承人口传心授的技艺，正在逐渐消亡。市场需求量不大，从业人员减少，长年累月下来，这一传统工艺技术，渐渐失传。“非遗”传承人宋志明先生有很长一段时间，因资金、人力、资源的匮乏，而被迫改行。

“一叶渔船两小童，收篙停棹坐船中。怪生无雨都张伞，不是遮头是使风。”这是南宋诗人杨万里在《舟过安仁》中所写的诗句，描写两个儿童坐在一只小船上，奇怪的是他们在船上却不用篙和棹。怪不得没下雨他们也张开了伞呢，原来不是为了遮雨，而是想利用伞让风使船前进。

小小的伞，不但为人们撑起了一方小小天空，也制造了无数浪漫至极的感人故事。现代诗人戴望舒在《雨巷》中写道：撑着油纸伞，独自 / 彷徨在悠长、悠长 / 又寂寥的雨巷 / 我希望飘过 / 一个丁香一样地 / 结着愁怨的姑娘……

如今，伞已不再是传统意义上的遮风挡雨的工具。烟雨江南，衍生出独特的伞文化，伞的审美、伞的诗意和伞的象征意蕴，伴随着历史发展的车轮，轧出一道道独特的文化轨迹。

第二篇

工业设计

杭州缺地矿资源，缺港口资源，缺政策资源，没有大规模发展重化工业的条件和优势，但杭州有环境优势、人才优势、文化优势，特别适合发展以“人脑＋文化＋电脑”为主要特征的知识密集型、文化密集型、科技密集型文化创意产业。

工业设计是杭州文化创意产业的重要组成部分，经过多年的努力，杭州工业设计的知名度得到提升，进入全国工业设计名城“第一梯队”。

美丽需要创意，工业呼唤设计[①]

打造“全国文化创意产业中心”，是建设“美丽杭州”的重要内容，工业设计是杭州文化创意产业的重要组成部分。风靡全球的苹果公司生产的 iPhone 手机，成功的秘诀除了强大的功能应用以外，纤薄时尚的外形是很多消费者“第一眼就爱上它”的原因——这就是工业设计的魅力。工业设计是先进制造业发展的先导行业，在产业链中有举足轻重的地位和作用，其发展水平是衡量一个国家工业竞争力的重要标志。推进工业设计发展，是推动杭州转变经济发展方式，加速产业形态由“杭州制造”向“杭州创造”跃升的迫切要求，是加速杭州工业经济向高端发展，提升企业自主创新能力的关键环节，是增强城市综合竞争力的重要途径。

一、工业设计对杭州经济发展的战略意义

工业设计对杭州具有重要的战略意义，既是提升制造业水平的核心，

① 周旭霞：《美丽需要创意，工业呼唤设计》，《杭州日报》2013 年 4 月 15 日，第 11 版。

又是发展创新型经济的引擎。杭州经济发展既要解决传统的粗放型增长方式问题，又要形成新的发展引擎，工业设计则是加快转变经济发展方式的有效途径。从产业层面看，转型升级需要通过传统产业的创新和结构调整来提高附加值，也可以通过新兴产业的壮大来形成城市经济的新动力，工业设计产业在这两方面都大有可为。

1. 工业设计是提升制造业的核心因素

制造业一直是杭州经济的中流砥柱，目前，资源要素约束加剧，缺乏核心技术、低附加值的产业发展模式难以为继，工业设计作为制造业发展的先导行业和在制造业中的核心环节，对保持杭州制造业的稳定发展具有决定性的作用。良好的工业设计，可以在生产过程中提高产出价值和生产效率，也可以形成产品的差异化，增加产品的附加值。好的工业设计是一把打开市场之门的钥匙，能够帮助企业在竞争中脱颖而出，成为企业增强自身优势的利器。工业设计更有助于杭州制造业转型升级，与当前杭州打造全国文化创意产业中心的大战略高度吻合。

2. 工业设计是产业高端化的必然路径

在产业发展初期，核心技术是推动产品创新的主要因素，通过提高产品的性能，以此满足用户对产品的基本需求。伴随着核心技术的成熟，产品性能日趋稳定，激烈的市场竞争使产品趋向同质化，当技术改善的边际效应降低到不足以吸引用户时，增强产品特性成了创造新需求的有效方法，这时，款式、风格、特色等往往成为影响用户偏好的重要因素。工业设计迅速成为推动产品创新的主导力量，利用工业设计提升产品附加值逐步成为产品创新的主流。因为工业设计作为一种实现产品差异化的有效载体，具有不受技术边界限制的优点，可以有效地增加产品特性，满足用户多样化和个性化的需求。近年来，苹果、三星等企业凭借优异的工业设计，在产品创新领域取得了较大的竞争优势。

3. 杭州工业设计的成就与发展远景

近年来，杭州市委、市政府为实现从“制造”到“创造”的跃升，大力扶植工业设计，把发展工业设计作为促进经济转型升级的重要内容，积极营造工业设计发展的良好氛围，通过平台、人才、宣传、外联等，积极开展产学研合作，全面推进工业设计的发展。杭州围绕建设“全国文化创意产业中心”，以创建“设计天堂”为主线，打造“设计师 · 设计企业 · 设计园区 · 设计区域”的四级品牌，围绕机械及装备设计、电子通信产品设计、纺织品设计、轻工产品设计等四大重点产业设计，依托工业设计信息平台、融资平台、技术平台、人才平台、商务平台、交流平台、研究平台等七大服务平台和工业设计大赛等活动，工业设计成果转化和产业化发展进程加快，工业设计的知名度得到提升，进入全国工业设计名城“第一方阵”。《杭州市工业设计产业创新发展三年行动计划（2013—2015）》中曾提出，到 2015 年末，杭州工业设计将要达到“国内领先、在国际上有重要影响力”的水平。3 年将培育和引进 2000 名工业设计专业技术人才，设计专利授权总量年增长率不低于 10%；年工业设计业务收入增长 20%，3 年拉动制造业销售收入 1000 亿元；初步形成公共服务体系完善，辐射面广，带动效应强的工业设计产业新格局，打造“杭州设计”的品牌，力争成为“中国工业设计之都”。

二、加快发展杭州工业设计的3个着力点

21 世纪是工业设计的世纪，一个不重视工业设计的国家将成为明日的落伍者。

1. 强化设计意识，促进和谐共生

一是要强化工业设计的意识。工业设计对于一款产品、一个品牌，乃至一个城市都有着重要的意义。但目前全社会对工业设计的认知度还不够高，对其作用和价值的认识存在误区，重技术轻设计，认为工业设计就是美工，就是外形设计，使得工业设计“知而行不实，行而果不多”，没有意识到工业设计是技术创新的载体，也没意识到工业设计对企业品牌塑造和价值提升的重要性。发展工业设计，有必要通过各种形式进行宣传普及，提高全社会对工业设计的整体认识度，才能使整个设计领域水平得到真正提高。二是要寻求发展工业设计与建设“美丽杭州”的契合点。工业设计融合自然科学与社会科学，体现了科学与艺术的结合，强调人性化、个性化，强调人与环境、生态的和谐共生。就产品而言，不但确保其技术功能，还要予人以美的享受。正如钱学森 1987 年 10 月在中国工业设计协会成立大会上所言：“工业设计是综合了工业产品的技术功能的设计和外形美术的设计，所以使自然科学技术跟社会科学、哲学中的美学相汇合。”目前，工业设计已从产品综合设计扩展到形象设计、展示设计、服装设计、平面设计、环境设计、商业设计等，甚至城建设计，以解决千城一面的问题。在建设“美丽杭州”的大背景下，工业设计首先要立足于资源节约，延长工业产品的使用时间，减少工业产品的环境污染；其次是将技术进步和设计有效结合，技术进步的成果，需要由工业设计才能转化为可使用的产品，如在每家每户的窗户、阳台上放一个别致的小太阳能装置，可以节约巨量的能源。

2. 加强产业对接，引导市场需求

工业设计作为生产性服务业的一种新形态，还在工业“体外”循环，尚未在工业经济领域建构起一条完整的“产业链”，只有将工业设计融入经济运营系统中，加强对相关产业的渗透力度，与企业、消费者形成有效的互动，才能发挥设计的最大效能，从而促进产业系统的整体升级。一是要充分了解消费者的产品设计需求。需求结构是连接工业设计和消费者的有效纽带，工业设计与需求结构之间存在极强的互动关系，要实现从简单模仿向设计转变，要求工业设计师不能仅仅跟随消费者的步伐，而是应该引领时尚、带动消费者的需求导向。工业设计师要建立起高度的市场敏感度，积极开展设计市场调研、设计主题研究，找准市场设计需求，努力提高自身的专业服务水平，为消费者提供高水准的设计产品。“海尔”当年从德国引进成套技术设备生产冰箱，原先的设计是冷藏箱在下方，冷冻箱在上方。设计人员考虑到消费者使用冷藏箱的频率更高，需要经常弯腰，很不方便，就把冷藏箱改在了上方。一个设计的改变，使得海尔冰箱在一段时期内销售火爆，很多冰箱厂家都群起仿效。二是要充分挖掘制造企业的工业设计需求。通过各种信息平台发布需求，如建立杭州工业设计信息网，举办工业设计大赛，召开小规模、专业性、经常性的产业对接会，开展设计成果的发布会与交易活动，加强工业设计与企业的交流合作；建立一批组织健全、运作高效、服务周全的工业设计中介体系与服务网络，提供交易信息，促成业务、人才、投融资、知识产权保护等方面的对接，并建立长效机制，促进产业间的融合，激发工业设计需求。

3. 加强人才集聚，提升设计能力

工业设计胜在创意，而创意源于人才，人才集聚是工业设计发展壮大的根本保证，也是提升设计能力的关键因素。一是加大人才引进力度，将设计人才列入紧缺人才引进计划，通过制订各项优惠政策，吸引高层次人才到杭州就业创业，畅通工业设计人才引进绿色通道，并建立长效机制；挖掘人才利用方式，通过短期聘用、战略合作、决策咨询等方式，不求所有，但求所用，积极发挥各地的优质智力资源，共同为杭州的工业设计产业发展出谋划策。二是加强人才教育培养。健全学校培养、基地训练、产学研一体化的工业设计人才培养体系，支持、鼓励杭州高等院校加强工业设计专业学科建设力度，积极推进“校企合作”战略，联合设计企业与高校设计专业，制订联合培养计划，促进学校教学和设计实践的有机结合，加快培养发展急需的高层次应用型人才。三是弘扬工业设计文化。设计并不神秘，我们常说，设计无所不在，人人都可以成为设计师，设计是一项创造性活动，需要激情与静思，需要勇于拼搏，不惧冒险，才能将每个人、每个单位的设计潜力激发出来；工业设计不仅要有充满活力的市场机制和活跃的市场主体，而且需要营造包容、宽松的社会环境，浓厚的创业气氛与和谐的人文基础；要充分发挥社会组织的力量，推进协会、研究机构、大学等非营利组织的建设，开展多元文化的交流，突破条块分割，优化工业设计的发展环境；加强知识产权保护，为工业设计人才创造良好的成长环境。四是完善人才激励机制。建立健全设计师的职称评定和技能评价体系，扶持有一定影响力和发展潜力的设计师、研究人员，专门设立大师工作室（或研究室），带动行业向高端发展；广泛开展与国内外工业设计领域的合作与交流，学习工业设计领先国家的理念和经验，培养国际化设计创新人才。

杭州工业设计人才及其培养机制研究①

工业设计被称为“创造之神”“富国之源”，工业设计是工业新产品开发的创新灵魂，是先进制造业发展的先导行业，在产业链中有举足轻重的地位和作用，其发展水平是衡量一个国家工业竞争力的重要标志。

一、杭州工业设计的发展现状

为实现从“制造”到“创造”的跃升，杭州把发展工业设计作为促进经济转型升级的重要内容，积极营造工业设计发展的良好氛围，通过平台、人才、宣传、外联等，全面推进工业设计的发展。

1. 杭州工业设计的发展思路

近年来，杭州围绕建设“全国文化创意产业中心”，以创建“设计天堂”为主线，以打造“设计师 · 设计企业 · 设计园区 · 设计区域”四

---

① 周旭霞：《杭州工业设计人才及其培养机制研究》，《杭州蓝皮书——2013 年杭州发展报告（文化卷）》，杭州出版社 2013 年版，第 42—53 页。

级品牌为思路，以设计创新、体制创新和管理创新为动力，以工业设计产业基地为载体，以内联外引和产学研结合为抓手，围绕机械及装备设计、电子通信产品设计、纺织品设计、轻工产品设计等四大重点产业设计，依托工业设计信息平台、融资平台、技术平台、人才平台、商务平台、交流平台、研究平台等七大服务平台和工业设计大赛等活动，在政策支持、法律指导和知识产权有效保护的保障下，促进工业产品价值提升，加快工业设计成果转化和产业化发展进程，逐渐迈入全国工业设计名城“第一方阵”。

2. 杭州工业设计的主要成就

经过几年的努力，杭州工业设计的知名度得到提升，杭州进入全国工业设计名城“第一方阵”。

（1）工业设计整体素质明显提升

经过几年的培育，杭州工业设计涌现出了杭州瑞德设计股份有限公司、杭州飞鱼工业设计有限公司、杭州凸凹工业设计有限公司、杭州博乐工业产品设计有限公司、杭州品物流形产品设计有限公司等一批知名的本土设计机构。瑞德设计、飞鱼设计、凸凹设计均获得过德国 iF 设计大奖、德国红点设计奖等国际最高奖项；杭州品物流形产品设计团队的设计作品在短短几年时间内获得 13 项国际大奖；瑞德设计入选中国工业设计十佳设计公司；飞鱼设计总经理余飚荣获中国工业设计“十佳杰出设计师”称号；浙江大学应放天教授获得中国工业设计“十佳教育工作者”荣誉称号。

（2）工业设计创新体系逐步形成

由专业工业设计公司、企业工业设计中心和高校设计机构为主体的工业设计创新体系逐步形成，杭州已有工业设计企业 300 余家，西子奥的斯、鸿雁电器、金鱼电器、顾家等一大批工业企业拥有自己的工业设计研发中心或设计部门；浙江大学、中国美术学院、浙江工业大学、浙江理工大学、中国计量大学、杭州电子科技大学等高等院校的工业设计专业师资力量强大，专业学科建设和设计创新能力不断提升。

（3）工业设计集聚发展取得成效

杭州涌现了以和达创意设计园、杭州经纬国际创意广场、天水 177 创意设计园、圣鸿工业设计创意园等为代表的工业设计主题园区。2010 年 12 月，首届中国工业设计园区联盟大会在广州召开，杭州和达创意设计园等 2 家工业设计园成为联盟成员单位。目前，杭州和达创意设计园、之江文化创意园、天水 177 创意设计园等均已有包括工业设计在内的百余家企业入驻，产业集聚和资源共享的作用日益显现。

（4）工业设计杭州品牌逐步确立

随着一系列工作和活动的开展，杭州工业设计的知名度和美誉度不断提升。“杭州市工业设计活动周”被评为“2010 年度中国十佳会展活动”，杭州市经济与信息化委员会时任副主任郑荣新荣获“2010 年度中国会展产业贡献奖”。广州、上海、无锡、宁波、大连、重庆等兄弟城市前来杭州调研工业设计产业发展，对杭州发展工业设计产业的举措和成就赞赏有加。杭州工业设计品牌的知名度和影响力不断扩大。

“从工业设计发展的角度看，杭州一直处于第一梯队，在国内起到了表率的作用。”中国工业设计协会时任秘书长黄武秀女士这样评价杭州在工业设计领域所做的努力。

3. 杭州工业设计的人才战略

让创意变成效益离不开人才，人才是工业设计发展的第一竞争力，也是创意的源泉所在。

（1）营造人才脱颖而出的良好环境

杭州一直把人才队伍建设作为发展工业设计的第一战略，坚持尊重劳动，尊重知识，尊重人才，尊重创造，鼓励探索，支持创新，包容失败，营造有利于优秀人才脱颖而出的良好环境；杭州注重培育行业领军人物，组织开展工业设计精英人物、经典案例评选活动，会同有关方面开展 356 培训“工业设计与创意”、“工业设计与转型升级”研修班，同时从一些赛事活动中发现人才、培养人才、引进人才，不断壮大杭州工业设计人才队伍。

（2）提升人才的创新设计水平

一是杭州积极开展对外交流与合作。组团赴韩国参加 2010 年世界城市设计峰会等；增强与北京、广东、上海等兄弟省市的联系与合作，并积极支持和开展对外交流活动，2010 年杭州 6 家骨干企业成为中国工业设计协会理事单位。二是强化国际设计理念。组织开展国际设计营系列活动及创意设计大讲堂等，邀请了英国、德国、意大利、日本、新加坡等多国专家教授前来主讲，并充分运用国际设计理念进行创新设计，取得了很好的成效。三是逐步接轨国际市场。杭州品物流形产品设计有限公司等设计公司多次赴国外参加米兰国际展等活动，其充满中国文化的传统产品再设计，受到了外国设计师及媒体的高度评价，产生了较大的国际影响力。同时，一些设计机构积极引进国际设计人才，吸取国外的先进设计理念，提高本土设计师能力，提升企业设计竞争力，促进杭州工业设计的发展。

二、工业设计人才的特征与态势

2012 年，杭州工业年销售产值已达 12000 多亿元，但许多产业都是传统产业，需要工业设计来提升产业层次，而发展工业设计，必须高度重视工业设计人才的培育。

1. 工业设计的定义与内涵

工业设计（Industrial Design）是人类为了实现某种特定的目的而进行的创造性活动，它包含于一切人造物品的形成过程当中。工业设计是针对批量生产的工业产品而言的，凭借训练、技术知识、经验及视觉感受而赋予其材料、结构、形态、色彩、表面加工及装饰以新的品质和资格。[①] 广义的工业设计（Generalized Industrial Design）包含了一切使用现代化手段进行生产和服务的设计过程，是指为了达到某一特定目的，从构思到建立一个切实可行的实施方案，并且用明确的手段表示出来的系列行为。狭义的工业设计（Narrow Industrial Design）则单指产品设计，即针对人与自然的关联中产生的工具装备的需求所做的响应。它包括为了使生存与生活得以维持与发展所需的诸如工具、器械与产品等物质性装备所进行的设计。

工业设计自产生以来始终是以产品设计为核心，同时涉及视觉、环境、传播、交互等多个领域，按照设计目的与对象的不同侧重，工业设计的分类、内容和作用如表 2-1 所示。

---

① 国际工业设计协会联合会（ICSID）于 1980 年巴黎年会上对工业设计的定义。

表 2–1 工业设计的分类、具体内容和主要作用

基本分类	具体内容和主要作用
产品设计	产品设计是工业设计的核心，是企业运用设计的关键环节，它实现了将原料的形态改变为更有价值的形态。产品设计的核心是产品对使用者的身、心具有良好的亲和性与匹配性
视觉传达设计	主要以文字、图形、色彩为基本要素的艺术创作，通过视觉形象传达给消费者，包括标志设计、广告设计、包装设计、店内外环境设计、企业形象设计等方面。视觉传达设计在精神文化领域以其独特的艺术魅力影响着人们的感情和观念，起着沟通“企业—商品—消费者”的桥梁作用
环境设计	工业设计是作为沟通人与环境（建筑、交通、居室、商场、街道……）之间的界面语言来介入环境设计的。着重解决城市中人与建筑物之间的一切问题，如信息、信号系统、环保方案等，从而也参与解决社会生活中的重大问题。通过对人的不同的行为、目的和需求的认知，来赋予设计对象一种语言，使人与环境融为一体，给人以亲切、方便、舒适的感觉
交互设计	交互设计是一种如何让产品易用、有效而让人愉悦的技术，它致力于了解目标用户和他们的期望，了解用户在同产品交互时彼此的行为，了解“人”本身的心理和行为特点，同时，还包括了解各种有效的交互方式，并对它们进行增强和扩充。交互设计还涉及多个学科及和多领域、多学科背景人员的沟通

2. 工业设计人才的知识结构

一般来说，工业设计师需要通过对人生理、心理、生活习惯等一切关于人的自然属性和社会属性的认知，进行产品的功能、性能、形式、价格、使用环境的定位，结合材料、技术、结构、工艺、形态、色彩、表面处理、装饰、成本等因素，从社会的、经济的、技术的角度进行创意设计，在保证设计质量的前提下，使产品既是企业的产品、市场中的商品，又是消费者的用品，达到顾客需求和企业效益的完美统一。

因而，设计人才必须具有开阔的文化视野、非凡的智慧和丰富的知识；必须具有创新精神、敏锐的视角并善于解决问题的能力，能充分考虑社会反响、社会效果，设计作品对社会有益，能提高人们的审美能力，给人们带来心理上的愉悦和满足，能反映时代特征，以及真正的审美情趣和审美理想；设计人才要有自信，坚信自己的个人信仰、经验、眼光、品味，不盲从、不孤芳自赏、不骄、不浮，有严谨的治学态度，不为个性而个性，不为设计而设计；设计人才要有独特的视角和高超的设计技能，即无论多么复杂的设计课题，都能认真总结经验，用心思考，反复推敲，汲取消化同类型的优秀设计精华，实现新的创造。这必将要求设计人员具有多元化的知识结构及获取方式，表 2–2 归纳了设计人才知识储备的步骤。

表 2–2 工业设计人才知识储备的步骤

步骤	能力要求	知识储备
1	掌握绘画基础	掌握平面构成、色彩构成、立体构成、透视学等基础；具备客观的视觉经验，建立理性思维基础，掌握视觉的生理学规律，了解设计元素
2	培养徒手作画	有优秀的草图和徒手作画的能力，具备快而不拘谨的视觉图形表达能力。绘画艺术是设计的源泉，设计草图是思想的纸面形式
3	学习传统课程	学习陶艺、版画、水彩、油画、摄影、书法、国画、黑白画等传统课程，加强设计动手能力、表现能力和审美能力
4	树立设计理想	学习专业知识，了解设计的背景知识、特点、原则、艺术规律、表现形式、构成手法等
5	开始设计模仿	从理论书籍的学习转变为向前辈及优秀设计师学习，伴随大量的实践及对设计整个运转流程的逐渐掌握，开始向成熟设计师迈进
6	形成设计风格	学会规则，再打破规则

3. 工业设计人才的主要问题

根据2010年杭州市人民政府发布的《杭州市人民政府关于促进工业设计产业发展的若干意见》，到2015年，杭州将培育10个工业设计园区、30家有较大影响力的工业设计机构、100家市级以上企业设计工业设计中心，培育和引进2000名工业设计专业技师人才。在笔者与企业访谈中了解到，工业设计人才主要存在以下突出问题。

（1）工业设计人才的3种类别

目前，工业设计人才可粗略分为以下3类：第一类是学院派的教授与研究生。学院派人才的优势在于前期的研究与概念输出。这一类人才忙于设计理论的建构，善于形而上的思考和归纳性的"全称判断"；同时，以教师为核心的设计工作室以其"符号资本"与低廉的运营成本获取了大部分设计项目。第二类是企业内部的设计人员。通常情况下，内部设计人员对某方面的工艺生产、工程技术会了解得比较透彻。但境况也是各种各样的，内部设计人员有做设计管理的，有做生产与市场过渡层的，也有做具体设计的，大家往往抱怨地位的尴尬，一方面是话语权的缺失，另一方面是缺乏健全的评审机制，"好方案都被枪毙掉了"。同时，企业的经营管理者也在抱怨缺乏"好"的设计师与可提供"好设计"的公司。第三类是设计公司与自由设计师。他们多类似"游击队员"，远未达到职业化的要求，面虽然广却不够深，多数是经验主义者，很难真正参与到产品定义之初，比较关注设计技巧层面的问题，迫于生存压力往往成为"形式的供应商"。

（2）工业设计人才供求矛盾突出

工业设计产业化程度低，工业设计人才匮乏。一方面是整个设计市场人才匮乏，另一方面是设计专业学生分配难，许多人改行从事其他工作，这反映了人才供求之间的矛盾。每年工业设计专业毕业的学生其实不少。杭州有很多高校开设了工业设计专业，比如浙江大学、中国美术学院、浙江工业大学、浙江理工大学、中国计量大学、杭州电子科技大学，但这些学生却极少有留在这个行业内的，他们不是考研或者考公务员，就是去做装潢、广告、网页设计。

以杭州工业设计协会会长，杭州瑞德设计股份有限公司总经理李琦为例。他 1995 年毕业于浙江大学工业设计专业，当年一个班 21 人，17 年后，仍然坚守在工业设计这个行业的只剩下 2 个人。原因是工业设计需要“人才 + 时间”的付出，工业设计不但要求设计师会绘图，还要懂材料，理解商品及消费者的心理。一个工业设计专业的应届生要想在这个行业内走下去，没个七八年的学习、培训，是永远无法成为一个优秀设计师的。刚毕业的工业设计专业学生，薪水普遍比较低，应届生的起步月薪有 3000—3500 元已经算不错了，并且，一般前五六年的薪酬增长幅度也比较慢。而同样是近 2 年才发展起来的电子商务行业，门槛不高，上手快，很多应届生能拿到每月 4000—5000 元的工资。前五六年与其他行业每月千元的工资差额，让不少工业设计专业的学生在踏出校门的这一刻就选择改行了。

（3）设计人才的创新动力不足

学科交叉、技艺融合已是工业设计创新发展的重要特征，工业设计需要优秀的学科和技术带头人、领军人才，需要一大批优秀人才和团队。复合人才和团队的培养，各类人才和团队间的交流合作，对于设计创新和产业发展尤其重要。从工业设计专业公司来看，目前设计公司普遍总体规模小，基本处于散乱经营状态，且设计的产品基本处于低端水平。国内缺乏具有世界影响的设计公司和设计师。由于工业设计还处于起步阶段，因而，我国最优秀的设计师，也才 30 多岁。例如杭州瑞德设计股份有限公司，设计人员有 80 多人，年龄几乎都在 25—27 岁，即使是核心设计师，也才 30 多岁。在国外，六七十岁的工业设计师比比皆是，而在中国，30 多岁已经称得上是老资格了。工业设计人才还比较热衷于模仿，创新能力不足；接单制造，不谈创造；技术水平低下，缺乏先进的设计手段。设计的廉价问题及忽视对工业设计采用实用新型和外观设计专利的全方位保护，也制约了工业设计人才创新的积极性。

（4）工业设计教育缺乏针对性

国内设计行业的起源与蓬勃发展都发端于教育，20 世纪 80 年代初，自国内高等院校开始设立工业设计专业以来，经过 30 多年的加速发展，设立工业设计专业的高等院校由原来的二十来所激增到近千所，每年毕业的学生由原来的几百人增加到几万、十几万人。招生“大跃进”带来的是师资短缺与结构性残疾：大部分院校的教师多为刚毕业的研究生，自身缺乏设计的实践，新的一轮纸上谈兵、“时尚设计”、“竞赛式教育”开始了。这使得设计教育与社会、企业的需求和发展相脱节，设计教育与企业、社会缺少互动，学生缺乏相应的实践机会。毕业生加入企业后，需要再培养，设计培养周期延长，重复劳动时间增多。与设计教育“不良性过度”形成对照的是设计产业的幼小。设计教育与设计产业处于严重失衡状态，造成我国设计业两端大中间小的模式，即设计教育与设计需求的增大，专业化的设计队伍与合格的设计人才却相当缺乏。

三、杭州工业设计人才的培养机制

工业设计是科学技术与文化艺术相结合的一门边缘学科，它吸收了科技、文化、艺术与经济的成果，涉及美学、人机工程学、市场学、创造学等广泛的学科领域。工业设计是一门综合的、知识交叉的学科，在对人才培养的客观要求上，需要会聚文、理、工等领域人才的智慧，以其综合的实力来完成设计项目。杭州重视工业设计人才的培养，积极探索有利于工业设计人才成长、产学研相结合的设计人才培养体系。

1. 构建“六位一体”的人才培养模式

工业设计人才单纯依靠高校的培养和企业吸引是远远不够的，只有在政府的大力支持和工业决策部门、科技教育界、工商界等社会各界协同努力下，工业设计潜能才能充分发挥出来。杭州工业设计人才培养的行为主体包括：政府、用人单位、高校、社会培训机构、行业协会和人才自身。这些行为主体相互联系、相互制约，在人才培养和管理模式中发挥着不同的作用，形成“六位一体”的人才培养模式，如图 2–1 所示。

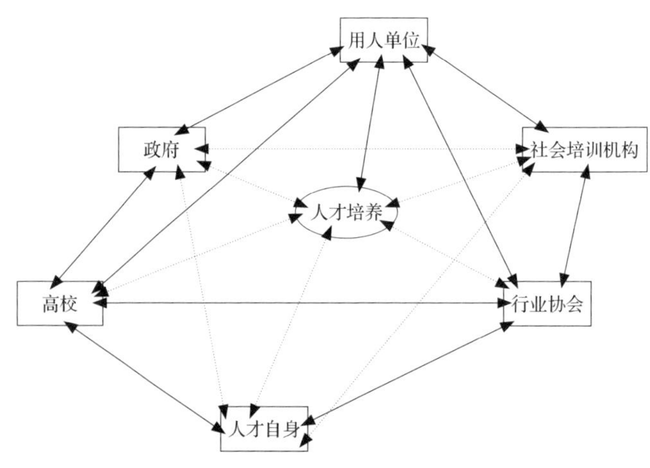

图2-1　杭州“六位一体”工业设计人才培养模式

根据图 2–1，杭州工业设计人才培养的组织体系从传统的“政府—用人单位—人才自身”的线性培养体系，转向包括行业协会、高校、社会培训机构等在内的社会组织及其资源的网状组织培养体系。从管理层级上分析，该体系在纵向上，涵盖了市、区（县）各级政府人才管理部门，在横向上，涵盖了政府、高校、社会培训机构、行业协会、企业和人才自身。

工业设计人才培养是一个系统工程，是以现有的人才培养体系为基础的，同时调动社会资源，初步构成“四横二纵”的人才培养网络体系，即政府、行业协会、高校、社会培训机构 4 个行为主体横向联系，与用人单位、人才自身纵向联系，从而形成以用人单位和人才自身为作用对象，高校和社会培训机构的培训教育为基础，行业协会培养激励与用人单位培养和使用紧密联系，政府主导推动和行业协会协作管理相结合的人才培养模式。

2. 发挥“政府主导”的人才培养合力

2007 年，杭州市科技局开始组织举办“市长杯”创意杭州工业设计大赛；2008 年 9 月，组建了杭州市工业设计协会，加强企业、高校、科研机构和行业协会的交流与合作；2010 年 11 月，杭州市人民政府出台《杭州市人民政府关于促进工业设计产业发展的若干意见》，明确了杭州工业设计产业的指导思想、基本原则、发展目标和工作重点，加强组织领导，加大政策扶持，营造发展良好环境；成立了杭州市工业设计产业发展领导小组，由政府主导，开展产学研合作，优势互补，形成合力。

表 2-3 2007—2012 年杭州发展工业设计大事件

年份	杭州市发展工业设计大事件
2008	杭州市经济和信息化委员会牵头发起成立杭州市工业设计协会
2010	发布《杭州市人民政府关于促进工业设计产业发展的若干意见》（杭政函〔2010〕265 号）
2011	成立杭州市工业设计产业发展领导小组（杭政办函〔2011〕23 号）
2011	举办中国工业设计周系列活动
2012	举办中国杭州国际工业设计产业博览会
2012	开展省级特色工业设计示范基地建设
2007—2012	杭州市科技局连续组织举办 6 届“市长杯”创意杭州工业设计大赛

3. 完善工业设计人才评价体系

工业设计人员究竟具备什么能力才能被称为“工业设计师”或“高级工业设计师”呢？中国的工业设计起步晚，工业设计人才水平参差不齐，企业在寻找人才或者寻找合作的设计公司时比较费时、费力。其他行业几乎都有自己的资格认证，如人力资源管理师、注册会计师、注册设备师等，如果工业设计行业能规划一种资格认证体系，建立起一套较完善的工业设计人才评价体系，则能增强工业设计从业人员的职业认同感和荣誉感，可以提高工业设计专业学生学习的主动性和积极性，也有利于规范市场，让企业在选择时更方便、更省心。

基于这样的管理理念，浙江于 2012 年 11 月开展工业设计师职业资格评定，成为全国第二个实行工业设计职业资格认证试点的省份。试点实施的工业设计职业资格制度，遵循工业设计专业人才成长规律，综合考核评价申报人的思想品德、知识结构、业绩和能力，特别注重从业人员设计实践和作品成果。设置了高、中、初 3 个层级的职业水平，分别对应高级工业设计师、工业设计师和助理工业设计师。其中初、中级职业资格采取考试方式取得，高级职业资格采取考试与评审相结合的方式取得。

表 2–4 浙江工业设计师职业资格及评定方式

职业资格层级	职业资格名称	资格评定方式
高级	高级工业设计师	考试与评审相结合
中级	工业设计师	考试
初级	助理工业设计师	考试

工业设计师职业资格评定显得特别有意义，能规范和加快杭州工业设计人才队伍建设。当然，对工业设计师资格的考查，虽然有了权威的职业资格评定，但不能单纯只是考查设计创新能力，还要更多地考虑产品开发整个过程所需要具备的能力，如部门合作的协调能力、生产制作中的动手能力等。经过这种考查的工业设计师对产品开发过程具有全局的思想，能很快地投入企业产品研发项目。职业资格是一方面，经过时间的磨炼，经验和成果也将成为设计师身价的象征。这一举措的实施象征着浙江率先建立了一套较完善的工业设计人才评价体系。

4. 举办工业设计人才专题研修班

为了满足企业家和主要经营者等有关人员对学习培训的需求，为帮助工业设计人员了解工业设计的发展现状，更新设计理念和创新思维，提高自身设计能力，杭州市经济和信息化委员和杭州市文化创意产业办公室组织举办“工业设计与创意”专题研修班，对杭州有关工业设计的政策进行了解读，并邀请了浙江工业大学工业设计的专家讲解国际、国内工业设计发展趋势，使设计人员设计的作品能站在国际水平的高度，进一步提高工业设计的水平。大家有机会在一起交流探讨，广开思路，共同提高。

表 2-5　杭州“工业设计与创意”专题研修班的目的、对象和内容

研修目的	1. 掌握政策。让工业设计相关人员和企业了解和掌握国家、省、市工业设计的最新政策 2. 了解趋势。让工业设计人员和设计机构了解国内外工业设计的发展趋势和动向 3. 搭建平台。搭建专家、设计机构、工业企业、园区负责人、工业设计人员的互动平台
研修对象	1. 工业设计园区管理者 2. 工业企业经营者 3. 工业设计公司主要负责人 4. 工业企业专业设计人员、技术总监
研修内容	四大模块：工业设计趋势和先进理念、创意园区规划建设、设计公司培育、工业设计元素与要点 课程选择：工业设计、创意产业与地区综合竞争力、绿色工业设计——可持续发展的命题设计、宏观环境与产业现状、工业产品设计领域的相关知识、工业设计发展与产业政策解读、工业设计创新与企业转型升级、工业设计战略与企业品牌文化、前沿设计理念与成功案例赏析、工业设计视野拓展与现场教学等

5. 开展“市长杯”创意杭州工业设计大赛

2006 年 12 月，杭州市科技局举办了一次“工业设计与自主创新”专题讲座，立即引起企业、高校和科研院所的极大关注。杭州市科技局敏锐地意识到：创新创业的杭州需要一次新的转变发展方式的“头脑风暴”，以工业创意设计来推动产业转型升级是杭州发展一个新趋势。为此，杭州市科技局因势利导提出了举办工业设计大赛的设想。杭州市科技局（杭州市知识产权局）专程赴浙江大学征求意见，并以书面形式向在杭的 13 所高校及有关部门、浙江省包装设计学会、13 个县市区和经

济技术开发区科技部门征求意见和建议，得到了热烈的响应。2007 年 6 月 8 日，首届创意杭州工业设计大赛拉开帷幕。2011 年，在杭州市委、市政府的关心和支持下，大赛冠名“市长杯”。多年来，大赛共吸引了北京、上海、香港、澳门、广东等 23 个省、自治区、直辖市、特别行政区，以及来自美国、德国、意大利、荷兰、澳大利亚、瑞士、新西兰、韩国等国家的 200 多所顶尖高校、400 余家企业和多家专业工业设计机构的参与。大赛共收到参赛作品 187000 余件，其中 300 多件作品通过专利形式向企业转移，作品产学研合作实施产值达 2 亿多元。“创意杭州”已在国内外初显品牌效应，多年间，大赛与国内外上百所高校合作，开展了各种形式的对接活动，参与师生近万人，发掘了大量优秀创新人才，也成为杭州吸引工业设计创新、创业人才的金名片。

表 2–6　“市长杯”创意杭州工业设计大赛情况

年份	参与省区市（个）	参与设计院校（所）	参与企业、设计机构（家）	分赛场数量（个）	参赛作品（件）
2007	—	13	100 多	1	1134
2008	17	81	140 多	21	2100 多
2009	—	—	—	15	1915
2010	—	59	272	25	3917
2011	21	72	300	27	4337
2012	23	120	200 多	31	5326

6. 引导高等院校培养复合型人才

我国的工业设计教育起步较晚，随着社会对工业设计专业人才需求的增长，工业设计教育不断发展。杭州有工业设计专业的高校 10 余所，每年培养设计人才上千名，为浙江乃至全国输送了大批设计人才和设计研究人才，也推动了杭州工业设计的发展。然而，部分院校是在条件不具备的情况下仓促上马的，导致专业膨胀。如何在大众教育的背景下培养出合格的设计人才，培养出优秀的本土工业设计师，满足工业设计发展的需要，是工业设计人才培养面临的挑战之一。另外，如何将设计教育再上新台阶，与国际设计教育接轨，也是一项任重道远的工作。以往，我国的设计教育缺乏针对性，也就是与企业的要求、发展相脱节，学生缺少相应的实践机会。毕业后需要企业再培养，设计培养周期延长，重复劳动时间增多。

杭州注重引导高等院校与工业设计企业、工业设计基地等共建设计人员实训基地，培养更多适应工业设计发展需求的复合型人才。在杭高校的设计教育与企业、社会交流甚多。如浙江大学工业设计研究院和广州、深圳有关部门合作，推动企业技术创新；中国美术学院一直致力于将德国、法国、日本等国家优秀的工业设计与我国企业对接，也成功与国内多家知名企业包括联想集团、华为集团等形成良好的合作关系；浙江工业大学工业设计研究所与日本三菱重工、日本建伍设计、东方通信、吉利集团、金松集团等多家上市公司和知名企业建立长期合作关系；由永康五金生产力促进中心有限公司、浙江大学和浙江工业大学联合建设的浙江五金科技创新服务平台，项目总经费达 300 万元，以工业设计为媒介，建设面向中小企业的区域工业设计共性技术网络协作服务平台，有力地推动了杭州工业设计的发展，也为工业设计培养了合格、实用的人才。

助推工业设计成果转化为生产力

一谈起科技成果转化，大家就会自然而然地想起近年来极力推崇的产学研技术联盟，想起高等院校、科研机构的研究成果游离于企业之外，与企业所需不相适应的种种现象，想起许多有价值的研究成果由于信息不对称、流通渠道不畅，不能及时转化到生产之中。其实，企业与企业之间，也存在科技成果运用的问题，如一些工业设计企业，如果设计的成果不能有效地推广，不仅企业自身的经济效益不明显，也难以把工业设计转化为产业发展的生产力。

值得庆幸的是，杭州市人民政府历来重视科技成果转化，充分意识到工业设计转化的重要性，并将工业设计认定为“杭州制造”走向“杭州创造”的核心。近年来，杭州市人民政府按照“设计产业化、产业设计化、设计人才职业化、设计资源协同化”的理念，遵循“整合、共享、服务、创新”的原则，积极搭建工业设计的转化平台，提升设计企业的转化能力，大力推动工业设计向高端综合设计服务转型，取得了突出成效。

一、政府搭建工业设计转化平台

为推动杭州企业工业设计原创能力，提升高校学子的实践能力，杭州市经济和信息化局、杭州市科技局等相关部门，积极开展工业设计的有效对接，搭建工业设计的转化平台。

1. 工业设计对接企业需求

杭州要实现产业的转型升级，原创产品的开发尤为重要。工业设计立足于人的基本需求、行为习惯与生活形态，能使产品具有更大的人类需求指向性，所以，工业设计首先要与企业产品导向保持一致。早在2008年，杭州就举办了工业设计企业设计需求对接活动，如杭州市知识产权局组织浙江大学、浙江工业大学、杭州电子科技大学、浙江理工大学等4家院校20余名师生，与杭州人人集团有限公司、浙江建华集团压滤机有限公司、杭州联龙电子有限公司等8家企业进行对接。企业首先介绍各自的设计要求，浙江建华集团压滤机有限公司提出了压滤机的外形及结构的设计需求；各院校专家就企业提出的设计要求，做了进一步的了解，并给出了很多产品设计建议。此外，杭州市知识产权局还组织设计师奔赴临安、建德等地，为企业产品的创意外观出思路，取得了很好的效果。

2. 工业设计贴近社区生活

在如今的信息化时代，如果没有深入地了解产品的用户体验，仅形态的新颖已经远不能满足用户的需求。工业设计如何满足不同市场、不同人群的产品需要，只有整合用户的碎片化需求，实行差异化竞争战略，才能更好地推动工业设计向高端综合设计服务转变。工业设计只有围绕用户体验，才能为消费者创造更加美好的生活方式。基于这样的发展理念，2011 年 9 月，杭州市经济与信息化局、杭州市科技局等部门联合工业设计企业，以“低碳社会、品质生活”为主题，把创意十足的产品与优质的服务送到社区。活动展示工业设计产品，包括 LED 灯、竹砧板、环保锅具、牙刷等生活和家居用品。社区的居民纷纷前来社区广场咨询、体验，对工业设计表现出了浓厚的兴趣，对新奇产品爱不释手。工业设计就是设计更好看的、更灵巧的、更实用的产品给老百姓，参加活动的工业设计师，深入地了解产品的终端消费群体，对今后产品的设计方向有了更加深入的理解，对设计服务于民这一理念也有了更加深刻的认识。

3. 工业设计走进家电企业

2014 年 5 月，杭州市经济与信息化局、杭州市家用电器行业协会等部门组织杭州金鱼电器集团有限公司、杭州华日电冰箱股份有限公司等 17 家家电企业与 14 家工业设计机构进行对接。参会的工业企业大多是老牌的家电企业，如今越来越多的新兴品牌占领市场份额，通过创新设计使企业具有持续竞争力成为合作企业的共同话题和目标。对接会为在杭家电企业和设计机构提供了一个设计供需互动的平台，促进了设计与制造携手融合发展。

4. 工业设计连接就业“新干线”

杭州积极为高等院校、工业设计机构与企业搭建交流平台，为高等院校应届毕业生提供更多的就业机会，满足设计机构、企业对创新人才的需求，促进院校、企业及设计机构的对接。杭州连续 4 次成功举办“工业设计就业新干线”活动。2014 年 4 月 25 日，来自上海、深圳和杭州 3 地的近 20 家工业企业、设计机构的负责人和资深设计师们与在杭设计院校的 200 余名设计专业的学生参与了“工业设计专业就业新干线”活动。深圳鼎典、上海木马、瑞德设计、凸凹设计、飞鱼设计等国内知名工业设计企业及来自中艺实业、美通家居、雅鼎卫浴、巨星科技等制造业企业的负责人就“如何做到与之前产品差异化又不断层”“产品创新在品牌系统里扮演着什么角色”“如何在产品创新方面发挥设计的魔法作用”“产品创新对品牌的重塑意义”等品牌与产品创新的相关问题进行了深入的探讨。活动给毕业生提供了一次学习制造与创造、设计与品牌、产品与市场等相关知识的机会，也为毕业生就业提供了很好的平台，促进了院校与企业及设计机构之间的有效对接。

二、企业提升工业设计作品的转化能力

随着人类社会的发展，工业设计已经渗透到一切人造物品的形成过程之中。单纯的外观设计，已不能满足技术、制造、用户、市场、人文等充分融合的集成创新的战略需求。因此，工业设计必然要从外观设计向高端综合设计服务转变。在杭州市人民政府极力推行工业设计转化服务的同时，工业设计行业也一直在谋求商业模式的转换。

1. 拓展工业设计服务能力

工业设计只有自身实现产业化才有前途，即便是最普通的产品，工业设计也能为其注入新的魅力。拓朴旋转拖把能让人见识到工业设计的惊人“魔力”。武义拓朴塑业有限公司一直从事不同类型产品的外贸代工，随着制造业出口利润的持续走低，该公司不得不选择新的方向。杭州博乐工业设计股份有限公司从“产品设计、品牌策划、终端设计”3 个角度对拓朴塑业进行了全面的整合设计服务，以“产品创新领先性”为创新精神，对品牌整体形象进行把握。2009 年起博乐开始研发生产集“洗、脱、涮”于一体的新型拖把。持续开发系列创新产品，有效地提升了拓

朴塑业的品牌形象度和产品销售能力，拓朴塑业获得 50 余项发明 / 实用新型及外观设计专利，确立了“旋转拖把领导者”的品牌地位，在全国同行中脱颖而出。短短几年时间，拓朴塑业实现了从外贸代工 2000 多万元年产值到 3 亿多元年产值的突破，成功地从一个小型外贸企业转变为具有行业引领性和可持续发展的自主品牌企业。

2. 延伸工业设计行业发展

“一个开发成功的商品，不只是设计的成功，还是设计商业价值转换的成功。”在设计行业的多年磨炼，以及与每位客户不断碰撞的过程，使杭州瑞德设计股份有限公司创始人李琦深深地体会到只有紧紧把握主动权，企业才有可能做大做强。瑞德设计的第一个合作品牌是方太厨具。20 世纪 90 年代中期，油烟机的机型还是以薄型为主，最大的缺点是滴油烟。1995 年，李琦和他的伙伴以方太油烟机作为毕业设计课题，通过 3 个月的市场调查和大量分析，设计出的深型油烟机，不仅改进了油烟机的外观，还解决了滴油烟的问题。瑞德设计所做的是用工业设计帮助各地企业创造更好卖的产品。“瑞德设计是方太公司产品创新的重要推动者。”方太集团总裁祝永定曾这样评价。20 多年来，瑞德设计成功开发了 2000 多个创新项目，帮助企业创造并完成 1000 多亿元的销售业绩。

3. 尝试工业设计自主孵化

杭州凸凹工业设计有限公司成立于 2003 年。从 2005 年开始，凸凹设计由工作室形式的单团队工作模式发展为多团队协作，进行针对性的业务团队培养，有意识地组建了具有工程师背景的设计团队，使产品的结构和技术匹配度更高。随着设计需求的增长和行业趋势的变化，凸凹设计重新审视了设计与产品、设计与市场的关系，对原有单一的委托性合作模式发起挑战，首次尝试了由设计主导市场和产业的主动研发合作模式，并且在和老板集团的合作中证实，该合作模式能够为企业带来前瞻性的产品发展视角。

凸凹设计通过将成熟的设计理论与创新方法运用于实践，为客户提升了产品竞争力、服务质量，改变了客户的产品经营模式。JYDZ-29 型豆浆机是由九阳股份有限公司和凸凹设计合作完成的产品，凸凹设计为该款产品设定的产品设计策略初衷是：时尚健康的豆浆文化。新鲜健康而富有营养的豆浆如今获得越来越多年轻人的喜爱，然而传统豆浆机仍然难以克服操作复杂、清洗难度大、外观设计缺乏创新等问题。JYDZ-29 型豆浆机专门针对以上问题而开发，强调时尚的产品形象、人性化的操作体验、科学的熬煮方式，希望借此获得广大消费者，特别是年轻一代消费者的喜爱。凸凹设计为它量身定制了健康、靓丽的色彩，充满趣味的造型和富有细节的操作、指示界面，这种清新的设计语意贴合并强化了产品最初的设计策略。自上市以来，该产品已创下超过 1200 万台的销售奇迹。

工业设计是制造业发展的先导行业，是制造业竞争的重要一部分，掌握了如何把工业设计成果转化为产业生产力的技能，就获得了打开未来制造业的金钥匙。未来是设计与创新的时代，这一时代趋势不可当。

工业设计的力量

——杭州瑞德设计股份有限公司创始人访谈

杭州瑞德设计股份有限公司（以下简称“瑞德设计”）是一家集创新、设计、品牌整合于一体的综合策略设计型公司。瑞德设计创办于1999年，是一家根植于杭州的设计公司，创始人李琦与他的合作伙伴凭着对工业设计的狂热和执着，从当初2个员工、1个客户的规模，二十年磨一剑，发展成为现在拥有众多世界500强企业客户，设计价值逾千万元的专业原创型设计公司。将德国红点设计奖、德国iF设计大奖、中国工业设计“奥斯卡”金奖等诸多大奖收入囊中。在3000平方米的LOFT创意办公空间内，瑞德人帮助客户创造了一个又一个商业神话，提升了客户产品的附加值，成功地成为客户业绩增长的幕后推手。瑞德设计高瞻远瞩，广纳不同行业专家，组建强效专业团队：百名资深的市场研究、消费心理、创新战略、品牌策略、工业设计、结构工程、广告创意、平面设计、零售商业空间等领域的专家。公司已成为一家以工业设计创新和商业品牌策划为主导，以知识创新为推力，原创、开发并服务高技术产业的综合型公司。公司长期与中国石化、中国一汽、九阳小家电、奥普等全球500强及国内外优秀企业合作，为这些企业成功提供了品牌体验和商品创新设计，协助企业完成超过 3000 亿元的销售业绩。这一切无不客观且理性地展现着“设计的力量”。

一、李琦（瑞德设计创始人，董事长兼总经理）

以下为工业设计界执牛耳人物之一、中国工业设计产业领路引航的实践者李琦的口述。

1. 害怕、折腾与坚守

1995 年，我走出了象牙塔，以优异的专业成绩从浙江大学工业设计专业毕业。做设计的，总是心比天高。毕业干完“个人工作室”一年后就加入了上海一家台资企业，开始了 2 年驻企设计师的职业经历。大学刚毕业那会儿，年轻人都是桀骜不驯的。要从天马行空的思想和身处云端飘飘然的状态中剥离出来，踏实地踩到地上，走进现实，实在不太容易。我比较刻苦、投入，可以说是干得风生水起，在企业里如鱼得水，似乎一切都很顺利。我当时 24 岁，不仅有过硬的专业能力，即使是和人打交道，也毫不逊色，待遇也优厚。我总能出色地完成任务，在众人赞赏、公司重用、光环缭绕中，我自信却难免自傲。

在台资企业里，我突然害怕，这些光环会悄然磨去我的锐气和闯荡世界的勇气，让我失去敬畏之心。

当时的想法就这么简单，既然骨子里就是一个喜欢折腾的人，晚干不如早干，如果真要给创业找个理由，应该是不愿意就这样被优越的工作环境和生活环境宠坏。也许就是这份忐忑，促使我走上创业之路。

没有什么商业计划，就这么开始了。

1998 年底，我毅然脱离了这个让很多年轻人羡慕的职业状态，用自己工作积攒的第一个 100 万元，带着对设计的狂热和憧憬踏入了原创之路。和一个从大学校园里走来的兄弟晋常宝共同创办了一家名为“瑞德设计”的设计公司。

2. 第一个合作品牌方太

“炒菜有方太，除油烟更要有方太。”这句被人熟知的广告语背后，是工业设计带给一家民营企业甚至是它所在的油烟机行业的一种创新。

1995 年，我和伙伴晋常宝（瑞德设计创始人）以方太油烟机作为毕业设计课题，当时，中国的油烟机市场还是以薄型的油烟机为主，其最大的缺点就是滴油烟。通过几个月的市场调查和大量分析，我们设计出了深型油烟机外形，解决了当时薄型机存在的很多问题。

我们将工业设计原创概念首次引入中国厨电行业，完成中国厨电行业首部 CIS（企业形象识别系统）的设计，成功开发了方太第一台吸油烟机，同时成功命名“方太”厨电品牌。就是一个外观的变化，带来了真正意义上的革新，是薄型还是深型，不仅解决了外观的问题，还优化了吸油烟的功能。

所以，我们的第一个合作品牌是方太，方太也是中国最早意识到工业设计能带来产品价值的民营企业之一。

瑞德设计 20 多年来的成长和方太有着密不可分的关系。我们与方太的合作从一个产品、一个标志开始，但是今天我们之间的合作已经从单一的产品功能和外形设计提升至产品发展策略的综合性设计，这种合作从 1995 年开始就没有中断过。

瑞德设计是方太走向成功的重要合作伙伴。我们与方太是全权代理合作性质。合作的项目包括方太的 Logo，企业形象设计，新品上市策划，销售策划性指导，平面设计，产品开发设计，包装设计，标识系统，大型展会设计，网站设计、维护，等等。

方太集团总裁祝永定曾这样评价：“瑞德的设计是方太公司产品创新的重要推动者。”

20 多年来，瑞德设计不断引领中国厨电行业变革和前行，不断创造着中国厨电行业的设计经典和单机销量百万台的商业神话，奠定了方太中国厨电第一品牌的商业地位，缔造了方太作为中国家电领域中仅有的本土品牌战胜海外品牌，并占据行业高端市场的成功典范。

最近，方太再次成功地打造出油烟机新平台（JQ 近吸系列），以及灶具新平台（HA 系列），在服务方太 20 多年的历程中，瑞德人不断创造着中国厨电行业的设计经典，率先通过原创设计引领中国厨电品牌打败海外品牌，在中国市场一路领先、独占鳌头，JQ 近吸系列和 HA 系列的成功不仅是设计和商业上的再次成功，更标志着方太第二代核心设计师团队的成功形成，这一点极其重要。

这不仅标志着中国工业设计服务从青涩走向成熟，更是工业设计推动企业从制造向创造蜕变的成功案例，蕴含着中国企业驾驭商业创新能力的聚集。

伴随着一个品牌的成长，越来越多的企业选择了瑞德设计。走进公司二楼的展示厅里，一款可以解决滴油问题的油烟机、一台融入了杯子和苹果创意的净水器……这是一家全方位“视听触味嗅”感官刺激的旗舰店。20 多年，瑞德设计成功开展了 2000 多个创新项目，帮助企业创造并完成了 1000 多亿元的销售业绩。

3. 商业价值转换

2002 年，为了开拓更加广阔的设计市场，通过多方调研，瑞德设计决定进入商业连锁展示这个新兴行业，通过设计概念的输出方式成功孵化了浙江奇尚商业设施系统有限公司——一家集研发、生产、销售于一体，为全世界 500 强企业和国内行业领先企业提供商业连锁展具的文创企业。我怀揣对设计商业驾驭能力的自信，创办了浙江奇尚商业设施系统有限公司，希望可以通过这家以设计、制造和销售为主的实体公司，冲破传统方式。

当时我们投了 300 万元，做了很多“戴勋章”的项目，包括杭州人民大会堂、杭州大剧院、西湖南线、西溪湿地等项目中的标识导向系统。这些项目获得了很高的评价，但企业不停地亏损，亏了 3 年，足足亏了近 400 万元。

我们当时傻眼了，以为“设计创新 + 轰鸣机器 = 成功市场”，但是现实的市场却不是设计师眼中的市场，市场不是臆想的。有了技术创新，但无法解决所有的商业问题，它更需要一个发酵的商业机会。但要找到这个点，要打破这堵墙，谈何容易？我们也曾沮丧，萌发终止“奇尚”的念头，但最后的坚持和执着迎来了奇尚开窍的那一刻。

虽然走了很多弯路，但我们从未停止思考、创新和对市场热点需求的寻求，学会了与目标客户主动沟通，强化市场营销拓展。

2006 年，奇尚承接了中国石化加油站新形象改造项目。设计思路来源于市场，最后归于市场。我们通过市场调研，从汽车加油者的市场需求出发，将商业服务这一核心理念注入加油站设计的每一个细节。如今，奇尚的易捷连锁便利店已经遍布大江南北的加油站。项目的成功使中国石化彻底改变了延续 30 年的能源供应商的形象，成为一个崭新的能源服务商，加油站的整体销售量上升 50%。短短几年时间，奇尚的商业设施成功地将瑞德设计的设计理念，通过实体展现出来，提供客户各个系列个性化的展示用品，为客户的商品创造更高的产品价值。

2006年以后，奇尚逐渐在连锁零售门店的商业展具领域找到了自己，真正开始走向商业化、规模化，2012年利润突破了1.4亿元。

一个开发成功的商品，不只是设计的成功，还是设计商业价值转换的成功。在设计行业的多年磨炼，以及与每位客户不断的碰撞过程，我们深深地体会到只有紧紧把握主动权，企业才有可能做大做强。任何一位瑞德设计师心中都要植入这颗商业情感的种子，打破设计和商业之间的高墙。

工业设计中心的主要职责就是根据市场需要，重新定位企业产品，在使用方面，让产品更加人性化，在设计外观方面让产品更加国际化。瑞德设计在美学与商业性上的成功融合具有非常丰富的经验。它非常关注如何提升国内产品在国内市场和国际市场上的地位。通过“整合战略设计”即集产品设计、平面策划、多媒体策划、工程设计和品牌咨询于一体的强有力的多科技商务解决之道，构筑品牌形象，提升附加值。瑞德设计的整合战略是建立在企业品牌整合策划战略的基础上的，是瑞德设计与企业进行密切合作的一种新的模式，通过对企业产品、形象、宣传的整体策划，最大限度地提高企业工作效率、形象与市场竞争力。

4. 优秀设计师的摇篮

我们深刻地认识到，中国的工业设计要有强大的明天，不是靠硬件，不是靠场地，没有任何捷径，唯一出路就是持续不断地培育出一批批自由、开放的优秀设计师。

自2009年起，瑞德设计每年投入百万元资金，举办“瑞德优秀毕业设计邀请赛”。此竞赛是中国唯一由专业设计公司主办，以非营利社会公益活动为特性的专项工业设计竞赛，也是中国唯一针对工业设计专业毕业作品及毕业学生综合素质进行评奖的竞赛平台。我们希望通过竞赛架起社会各界与高校学生的创新文化交流桥梁，促进中国工业设计专业人才的培育。

翻开历届瑞德优秀毕业设计邀请赛的专题刊物，映入眼帘的首先是两行醒目的字体——“谨献给才华横溢的设计新锐和为设计事业无私奉献的伯乐们！”

我在一篇文章中写道：记得有位好朋友很关心地问我们，举办这个竞赛到底是为了什么？真的不为了什么，只为在年轻无畏的热血学子们的心里埋下一颗种子，一颗充满信念、启示、热爱和坚韧的种子。

瑞德设计面向工业设计专业的优秀在校学生，设立了“瑞德青蛙概念工场”，为年轻设计学子提供展现创新才华和商业实践的舞台。现在，已有超过 150 名优秀学生于此创新平台实践。

在业界，瑞德设计被称为“优秀设计师”的摇篮。历经 5 届的努力和沉淀（涵盖国内 30 所知名高校），瑞德设计走出了一条具有较强社会感召力和影响力的专业赛事之路。这让瑞德设计的综合能力再次被社会认可，也在学院和学生中形成较大的影响力和公信力。瑞德设计在感动众多优秀企业家和知名人士的同时，也让政府真实地发现踏实、有冲劲的瑞德团队。这给浮躁的社会大环境带来了真实的声音，散发出更多的正能量，同时更加全面地展现了瑞德团队务实奋进的创新力。

5. 制造业的终极竞争力

工业设计真正被世界认识，和一次经济危机有关。20 世纪 30 年代，美国经济大萧条，挣扎在死亡旋涡之中的企业无法进行价格竞争，倒逼企业在商品的外观、质量和实用性能上下功夫。据美国工业设计协会测算，工业品外观每投入 1 美元，可带来 1500 美元的收益。因此，工业设计又被称为“制造业的终极竞争力”。杭州的工业设计，真正被企业认识也就是这十来年的事情。特别是国际金融危机，让浙江众多制造企业陷入了前所未有的低谷，工业设计被当作实现从制造到创造的“突围之路”。杭州市政府工作报告中就有“大力发展金融、工业设计……面向生产的服务业，促进服务业与现代制造业有机融合”的提法。这个信号很重要，这为我们工业设计行业提供了很大的发展空间。经过10余年的发展，现在杭州的工业设计行业仍处于群雄逐鹿的初级阶段，但与10年前最大的差异点在于，现在比之前有更加坚定的信念，更加知道设计的社会价值。

作为企业，我们希望能够得到更多的政策支持，但是我们更加希望能有更多的针对本土设计人才在生活质量方面的支持（解决外省引进优秀设计师子女的上学问题、购房扶持、个税减免等）和再培育发展方面（优秀设计师海外再教育、考察支持等）的系列专项扶持政策的出台，这些是非常重要的。瑞德设计自成立以来，制订了大量的人才再教育、再培训、再支持计划，我们有序地开展了很多优秀的跟随我们近10年的伙伴出国进行短期培训的计划。企业应该努力去做这些事情，让这些曾经在企业待了很多年，知识结构在慢慢地老化，但心理依然年轻的伙伴，不断地更新知识结构。他们曾经在本土市场打拼很多年，有着完善的对本土经济、文化、事务、客户、商品的认知结构，在推进过程中，可以让他们走出去重新构架和整合他们的思维，然后再回来。这群具备国际视野的创新人才对推动城市创新有着不可估量的作用。

我曾在长江商学院攻读MBA，2年半的学习对我有非常大的帮助，我没有受过系统的训练，但是这2年半的时间让我重新认识了我的专业。我们再推进，推进到哪里，怎样去推进，谁来做真正的推手。设计这个行业就是“创新人才+时间积淀”，没有其他捷径，我们需要制订更多支持优秀设计师的政策，让更多的年轻人愿意投身创新行业，愿意选择工业设计这样一个漫长的需要不断自我锤炼、自我提升的创新职业，让他们愿意扎根杭州，为杭州未来科技创新持续发展提供强有力的根本支持。

6. 创业心语

我在工业设计行业从业 20 多年，在这个平台上如何能够持续发展前行？靠的是什么？以前我们考虑最多的是做事：接单子，有更好的客户，每年有增长。但近几年，我越来越觉得这些事情固然非常重要，因为没有规模，没有足够的业务量，作为独立的设计机构，一个纯民营的企业是很难存活发展下去的，但是这些保障背后真正的推动力是什么？这几年，我越来越深刻地感受到——是人才。人才对我们创新型企业来说就是灵魂。创新的分类方式有很多，对此我分为两大类，一类是科技类创新，另一类是应用类创新，设计就是在应用类创新中发挥作用。作为设计，更多的是发现，而不是发明。生活中、商业中有关设计发挥核心价值的案例数不胜数，是谁创造出这些让百姓生活质量提高、商业繁荣的商品的呢？就是这群充满激情、智慧和抱负的专业人才。

工业设计人才的培育是极其漫长的，也是非常艰辛的。工业设计行业人才受用率低，能够在这个行业取得很高学历的并不多。存活率低，毕业后能坚持从事本行业的人大量缩减，成才率更低。这就意味着在工业设计行业里要走下去没有七八年磨一剑，没有一直学习、积淀，没有持续的再培训、开拓知识新领域，永远无法成为一个优秀的设计师，这也说明这种应用性创新领域行业的专业人才看似平常，只需灵感一现，但实则极具复杂性，充满个性，很难复制。工业设计是一门跨领域的应用类创新型学科，对一个成熟的设计师的多元化知识结构要求非常高：

不仅要有很好的表现技法，而且要有敏锐的情感捕获力、很好的商业消费行为解读力，甚至对设计项目所涉及的行业要有丰富的行业专业经验。例如中国的厨电行业，从1995年我们一直跟方太合作，现在，方太的所有产品都由我们完成。为什么方太愿意与我们合作？因为我们积累了太多的知识构架，而这样的设计师不是业余培训所能造就的。

培育一个优秀的设计团队远比成功完成一个项目要困难得多，瑞德设计从没有放下对优秀设计人才的培育和对人才机制的思考与探索，感谢方太设计团队年轻的设计师们，正因为他们的努力、坚持，让瑞德设计对过去和未来更多了一份肯定和自信。只要将这种务实坚韧的精神传承下去，我们不敢保证是否能够成为伟大的商业公司，但我们敢大声预言“我们完全能够成为一家伟大的技术公司”。我们对自己有要求，对作品有责任感，对设计有使命感，这就是瑞德设计20多年后还能平稳地、充满信念和激情地成长的根本所在。

设计公司，人才的集聚和沉淀永远是根本，是瑞德设计持续强大和前进的唯一动力。当前我们最迫切的任务就是培育一批充满创新激情的综合性人才，而不是几个。一直以来，我们在给年轻、激情、富有才华的瑞德设计师们植入一种理性而激情的态度，就是商业与情感的融合。我一直推动他们，去理解商业，读懂商业，建立商业敏感度。

二、晋常宝（瑞德设计创始人）

以下是晋常宝的口述。

1. 创业的经历

从1995年开始，我就跟我的合作伙伴李琦一起做方太的产品设计。

我们的毕业设计就是方太的第一款产品。那时候人们还不太明白什么是工业设计，设计师都被称为美工。这是标志性的一年，因为我们后面发展的根基都来源于这一年，都源自那个毕业设计。

1999 年，我们正式成立了瑞德设计。

2001 年，我们研究了中国厨房和中国人使用厨房的习惯和特点，开发了具有划时代意义的方太欧式机。

2002 年，我们决定进入商业连锁展示这个新兴行业，通过设计概念的输出方式成功孵化了我们自己的设计品牌——奇尚，一家集研发、生产、销售于一体的为全世界 500 强企业和国内行业领先企业提供商业连锁展具的文创企业。

2007 年，通过方太，我们与 IDEO 公司的团队一起合作开发新产品，我们了解到他们如何进行创新，如何做设计。这次合作对我们的企业架构、设计方法、设计思路等都产生了很大的影响。

2009 年，瑞德设计成立 10 周年，为了培养年轻设计师，了解未来 10 年中国工业设计发展的趋势，我们开始举办每年一届的瑞德优秀毕业设计邀请赛。

现在，我们都在探寻到底工业设计应该有几种发展模式。我们会看到，不论是 IDEO 公司还是青蛙设计，它们背后都会有一个强大的企业做支撑。这说明设计公司纯靠设计委托很难有长期的发展。这就要求他们要有更多新型的发展模式。比如我们现在就通过做自主设计品牌研发慢慢地探索这条路。我们还在试图与一些网络和渠道合作。当然，我们做的永远是设计创新，只是跟人家联手，寻找更多的联合模式，让设计创新产生更大的价值，这样才能更好地把设计创新团队培养起来。培养人是需要成本的，设计行业人才流失比较严重。就好像参加我们这 2 届比赛的孩子，他们非常爱设计，但是同时也在探寻如何让他们自己的设计拥有更大的价值。他们可能并不乐意进入传统的设计公司工作，我觉得在他们中间慢慢会诞生很多独立设计师。未来产品个性需求越来越明显，小众商品越来越多，大批量生产的产品设计附加值不会太高，高的一定是个性化需求的小众商品，会有越来越多的人愿意为设计买单。

2. 瑞德设计的规划、困难与优势

瑞德设计的战略是“以工业设计为核心，商业品牌策划为侧翼，服务模式多元化，服务行业深度专业化”。在未来几年，我们希望进一步发展自己的品牌，探索更多的合作模式，将设计创新的价值最大化。我的未来目标是推动纯设计公司上市，设计公司应该是纯知识性的，这样更能显示出其中的价值。

我认为未来设计应该更加紧密地与实业合作，尤其是针对中国人消费需求市场的实业,因为真正的最了解中国消费市场的还是中国设计师。而未来国家的经济发展应当会不断地想办法拉动内需。这就意味着，我们做的东西一定要贴近中国市场。从目前情况来看，我们的设计品牌价值可能会大一点，比如说阿莱西、无印良品、基本生活等。以我的判断，今后的时尚用品也会越来越注重设计。研究网络商品的设计整合也是一个非常有前途的领域。另外就是高端用品、奢侈品，设计在这里也可以有很大的发展余地。我们需要考虑的一个是品牌，还有一个是品质。

瑞德设计发展 20 多年，最大的困难是人才不稳定性。为了解决这个问题，我们不断地探索多种盈利模式，包括成立奇尚商业设施系统有限公司，目的是赢得更多的资本，把我们的设计团队留住并且发展壮大。就人才来说，薪酬是很重要的一方面，另外还有能给他们多大的发展空间。我们会提供更多的国外交流机会，引进一批国外实习生，多多交流。

我们公司的竞争优势是一直很注重培养自己的创新文化。比如说，我们会把公司所有的设计师分成 20 个组，每周 1 个主题，让大家自由发挥去做一些东西。另外，我们一直坚持学习，不断地让大家出去学习交流。公司会为设计师提供各种培训，组织前往同行公司进行交流，甚至去国外交流。每次交流都会要求设计师提供报告。年底我们还计划把创新文化报告做成合集出版。

创新是一种选择，是一种文化，也是一种价值观。创新是从被动接受到主动寻觅的过程，而创新的核心是设计。设计的根本在于商业信息传达，其目的在于创造商业价值最大化。而要理解设计创新的商业价值，首先就要区分“产品”和“商品”，要重视“商标”和“品牌”。中国商业社会正在逐渐进入精细化时代，应当把单一商品组合起来，形成一种生活方式的理念并进行推广，构建起商品的品牌。其次是做到“设计”和“再设计”。设计的根本是商业信息的传达，把熟悉的东西当成未知的领域，再度开发也同样具有创造性。“从无到有”是创造，但将已知的事物做更新的诠释，更是一种创造。“再设计”能大大地提高商品的成功率，同时能大幅缩减创新投入，降低风险。

我们善于合作，如我们和 IDEO 公司合作，收获很大。他们做调查，以及将调查的方法转化成为设计方案的这一套流程逻辑性非常强。采用这种方法，调查能够真正地符合消费者需要，而市场调查结果与最终做出来的设计方案也是相一致的。他们有非常好的方法，他们不会做定量的调查，而是通过焦点用户进行调研。每次做调查，团队里面都会有一个专门做行为学研究的人负责准备调查的道具，设置问题和提问的方式，最后对结果进行解读。他们很看重消费者心理学。通过调查找到设计机会点，再将设计机会点变成概念输入设计过程。找到设计机会点之后就是设计团队的头脑风暴，大家一起想办法解决呈现机会点的方式。

3. 创业的感觉：工业设计的春天来了

我们充满激情，坚持把握好每一个机会。2012 年对国内众多行业来说是充满挑战的一年，对工业设计行业来说也是一样。不过，在复杂的国内外环境中，让我感触最深的不是道路上的艰险，而是这一年给工业设计带来的机遇。

从瑞德设计自身来看，过去的一年里，主动找上门的客户的质量明显变好，数量明显增多，而这些客户表现出对创新的更强烈的迫切需求；从产业发展来看，各行各业的竞争方式正在发生重大变化，从以前的劳动密集型向技术密集型转变，企业的竞争力和关注点凝聚在创新上；从政府层面分析，政府越来越注重创新，也越来越重视工业设计行业。就在 2012 年底，国家领导参观考察了国家新型工业化产业示范基地——广东工业设计城，这就是一个信号。在我看来，工业设计的春天已经到了。

不过，在这个春天真正变暖前，工业设计不得不面对一些疑难杂症，比如人才稀缺。一家企业可以没有资金和技术，但不能缺人才。有了人才，才能拥有技术和创造利润。与所有同行一样，瑞德设计同样面临设计师人才的不足。设计师和其他行业需要的人才有明显的不同。设计师要有一颗包容心，他们既要像一个长跑运动员，有持久的耐力，又要是一个情感丰富的人，用心感受别人，能够洞察别人的需求，并把这种需求变成一次创新、一种设计、一个产品。

4. 让疑惧成为习惯，使创新成为可能

目前市场快速变幻，对我们设计创新者提出了更高的要求，使我们不能懈怠，不能停下脚步，甚至连喘口气的机会都没有。如何去适应市场的变幻和保持我们高昂的创新激情呢？我认为，每位设计师都应心存疑惧之心，这也是在读了台湾实践大学朱旭键老师为《2012 年实践毕业作品手册》所写序言后有感而发。那么，何为疑惧？

疑，能激发探索之心。

我们面对任何事物，无论熟悉的还是不熟悉的，当我们用一颗儿时童真的好奇之心来看待它时，我们会觉得它是那样陌生又是那样熟悉，而我们似乎又能够看到许多我们不曾发现的东西。这才有“众里寻他千百度，蓦然回首，那人却在，灯火阑珊处”之感。曾几何时，当我们经历了上百个案例的锤炼后，就像我们画了上百个石膏模型后，回过头来一看，我们不会动笔了，灵感枯竭了，我们开始停步不前了。记得高中一位绘画老师曾经说过，很多学生已经画“油”了。当时我非常不理解这句话的内涵。等工作后，我才从很多设计师的困惑中体验到这句话的真正含义。其实我们想拥有一瓶子知识，那瓶子很快就会被装满，而且再也装不下其他的了。如果我们想拥有一湖的知识，我们要学的还很多。如果我们要拥有像大海一样广博的知识，那我们穷尽一生，还没学到沧海一粟。所以说，这是一种态度，也是一种心境。当我们拥有了海纳百川的心态，才会发现，我们的知识是如此的匮乏，我们身边每一个事物又是如此的陌生，又有如此多的新知识需要我们去探索、去发现。心存怀疑，从更多的视角去看，去聆听，去体验，去触摸，我们才会有更多的发现，也才会有更多的惊喜。没有牛顿的疑虑就不会有万有引力定律，没有瓦特的疑虑也不会有蒸汽机。作为设计师，我们首先要时刻保持一颗疑虑的心。

惧，唤醒努力源泉。

祖先很早就告诉我们什么是未雨绸缪，时刻做到有备无患。为什么呢？古人时刻在警示后人要心存畏惧。那么，畏惧什么呢？不是知难而退，而是对事物的结果和事物的未来要有更高的要求和更高的期许，古人云：“求其上者得其中，求其中者得其下，求其下者无所得。”我们只有时刻保持一颗苛求的心和追求完美的态度，才能更加接近我们想要的结果。我们所要求的不是高处不胜寒，而是一颗随时准备好的心，也只有这样，我们才更有前进的动力，也只有在这样的动力驱使下，我们才不会停下脚步，不会顾左右而言他，迷失在自己浅薄的认知中。

有了疑，有了惧，我们才会发现更多的精彩、更多的感动，才更加容易与他人产生共鸣，这正是我们设计师要做到的，也是我们设计师要具备的基本素养。设计师不仅要具备疑惧之心，还要把它培养成一个良好的习惯，不积跬步，无以至千里，所以，这就要求设计师要勤练习，多积累，有了习惯，才会有意识，才会把它转换成一种本能反应般的技能。那么如何把它培养成习惯呢？

心理学巨匠威廉·詹姆斯对习惯的经典注释：种下一次行动，收获一种行为；种下一种行为，收获一种习惯；种下一种习惯，收获一种性格；种下一种性格，收获一种命运。

鱼，飞起来的力量

第一次去飞鱼工业设计公司（以下简称“飞鱼设计”）参观，还是10年前的事了。

在西湖区西溪路511号，有着历史沧桑感的15号楼门口放了2口水缸。“好像里面没养鱼，”同行的一位研究人员特意往水缸里看看，又自言自语道，“飞鱼，飞鱼，真正的大鱼在里面呢。”

站在一旁迎接我们的飞鱼设计创始人余飚，忙解释说：“如果鱼可以飞，该是一件多么有想象力的事情！当然，还因为我姓余，所以我把公司起名飞鱼。希望以创新设计服务超越客户的期望，给客户以惊喜。”

飞鱼设计成立于2002年1月，那时候，整个浙江只有2家设计公司，其中一家就是飞鱼设计。

2004年，飞鱼设计与英国Creactive设计公司建立战略合作伙伴关系，以国际化的视野为设计依托，为客户提供多层面、多角度的高端解决方案。

2005年是飞鱼设计发展过程中具有里程碑意义的一年。这一年，飞鱼设计与德意电器开始合作，寻找德意电器在市场上的定位、目标客户及市场需求，从产品形象的整体塑造入手，建立德意电器独特的产品品牌，即走年轻化品牌路线，通过推出系列产品延续提升德意电器品牌形象。德意电器市场占有率连续翻番，2005 年第一次获评中国名牌产品，这家有着十几年历史的企业终于确立了品牌定位。而飞鱼设计初尝战果后，形成了自己的发展新路——为用户做产品策略规划服务，以产品形象规划推动企业品牌提升，以产品认知品牌。

2007 年，飞鱼在上海成立旗鱼设计咨询公司，整合行业研究、用户体验、人机交互、品牌规划及先进技术工艺方面的资源优势，推出产品策略规划服务，为企业近期及长期的发展提供产品规划服务和完整的解决方案，为客户创造更大的价值！

经过 20 多年的发展与积累，现在飞鱼设计是中国设计品牌 50 强企业，已成为行业内具有实力的专业设计公司之一，在国内有着极高的知名度和客户口碑。飞鱼设计已在杭州、上海、深圳、郑州、广州等 6 个大城市设立多家分公司，服务国际、国内 400 多个知名品牌，3000 多件产品成功上市。

小鱼在溪水、湖水里生长，大鱼则要在江河、大海里畅游。所以，飞鱼设计从西湖区西溪路迁至艮山西路 102 号的创意设计中心，也是顺应鱼的生长环境要求。

凭借 20 多年的设计经验，飞鱼设计现在主要从事工业整合设计、品牌策略、设计孵化等项目，正致力于打造一家领先产品创新的产品系统化设计公司。

期待着鱼飞起来的力量！

一颗隐形的巨星

在上城区九环路35号杭州巨星科技股份有限公司（以下简称“巨星科技”）的样品展厅里，整齐地排列着上万种螺丝刀、扳手、手电、榔头等，尽管这家主营五金工具的企业较少进入大众视野，或许因其90%以上的收入来自海外市场，但其是一颗隐形的巨星。2019年该公司营收接近50亿元，净利润高达10亿元。

巨星科技是一家专业从事中高档手工具、电动工具等工具五金产品开发、生产和销售的企业，从1992年做手工具起家，到2010年成功上市，现已是国内工具五金行业规模最大、技术最高和渠道优势最强的龙头企业之一，也是亚洲最大、世界排名第四的手工具企业，公司产品已进入北美、西欧、中欧、大洋洲、拉丁美洲、东南亚、中东。截至2019年6月，巨星科技累计拥有专利1147项，其中发明专利131项、国际专利90项。

巨星科技的成就，看似依托广大的销售渠道，实则是秉承了“精一至行”的创新设计理念。

巨星科技拥有国家级、浙江省级、杭州市级3级资质的工业设计中心，中心实验室则是通过中国国家认证认可监督管理委员会、法国国际检验局和天祥集团等专业检测方认可的第三方实验室。

巨星科技工业设计中心秉持“以人为本、精益求精、创新跨越、智造未来”的设计理念，做到设计以人为第一出发点，充分研究人与物之间的关系，关注人的需求和体验，切实解决消费者在日常生活中、工作中的热点、痛点问题。

巨星科技这些年主要从事五金工具、智能装备及机器人等领域的产品设计支持工作，凭借优秀的设计创新能力、产品高附加值，已成为国内一流的五金工具、智能装备、机器人设计中心。

早在2016年，巨星科技就推出一款智能灯具，即在灯具中植入智能芯片，开发出配套的App，用户可以根据自己的喜好编辑灯的亮度、颜色等参数，增强了使用该产品的便捷性与趣味性。巨星科技在进行产品设计时，打破传统工具类产品冰冷的造型，引入家电类产品的时尚元素，使产品更具有亲和力和吸引力。可以说，从产品细节到产品功能的设计，巨星科技都经过了反复的推敲和尝试。

2017年，在国庆长假和十九大召开期间，北京天安门广场上曾出现“机器人警察”，它不但能向排队的群众进行友好提示，维持秩序及进行警务信息通报，而且能自动识别人脸，配合公安部门抓捕可疑人员。这些科技感十足、外观可爱呆萌的“机器人警察”，也是由巨星科技工业设计中心与子公司“国自机器人”共同设计研发的。

巨星科技不断增强工业设计创新设计能力，还逐步形成“产学研相结合，内部培养为主，强化外部人才吸引”的人才培养、吸收模式。目前，工业设计中心从业人员100多人，其中具有本科以上学历及高级专业技术职称的人员占比高达90.0%以上，在国内知名设计比赛和业内国际顶尖赛事中频频获奖。

近年，巨星科技积极地整合国内外的优势科技和设计资源，大力推广“设计 + 科技”“设计 + 网络”“设计 + 体验”“设计 + 服务”的创新设计模式，不断设计出更加智能、智慧的产品。

凸凹设计的理念及案例

杭州凸凹工业设计有限公司（以下简称“凸凹设计”）成立于2003年，是一家设计资源整合机构，致力于研究创新下一代产品的使用方式，以及深度挖掘设计的商业价值。

公司负责人李立成说，取名“凸凹”源自对中国古代太极哲学的领悟，浩瀚宇宙间的一切事物和现象都包含着阴阳、表里两面，它们之间既互相对立斗争又相互滋生依存，这既是物质世界的一般规律，也是众多事物的纲领和由来，设计也逃脱不了这个永恒的定律。设计的过程是激情与理性碰撞的过程，设计师的创想发自内心对美的敏锐感受，对生活的细致观察与热情；但同时又需要借助理性思维的平衡与协调，可以说是发乎于“情”，升华于“理”。“凸凹”即寓意在设计中激情与理性两者相互吸引、相互依存，在互补互融中和谐共生，形成一个至善至美的构架的过程。

一、凸凹设计的成长历程

公司在 2003 年正式成立，开始全新的发展征程。至 2006 年，凸凹设计由工作室形式的单团队工作模式发展为多团队协作。公司进行针对性的业务团队培养，特别是 2006 年，公司有意识地组建了具有工程师背景的设计团队，设计跳出“漂亮图纸”，使产品的结构和技术匹配度更为成熟。随着设计需求的增强和行业趋势的变化，2007 年凸凹设计组建了交互与界面设计团队、研究与策划团队，这 2 支团队一方面完善了凸凹设计的整个设计流程，另一方面也反映了凸凹设计在应对行业需求变化时的敏感度。从 2009 年开始，凸凹设计重新审视了设计与产品、设计与市场的关系，首次尝试了由设计主导市场和产业的主动研发合作模式，并且在和老板集团的合作中证实，该合作模式能够为企业带来前瞻性的产品发展视角。2010 年，几位来自欧美等地区的设计师加入凸凹设计，为凸凹设计带来国际化的设计文化。同年，凸凹设计与保时捷设计机构沟通，探讨未来的设计趋势。

2011 年是凸凹设计质变的一年，凸凹设计正式启动公司转型计划，通过产品自主孵化、产品自主品牌推广等方式努力向研发型设计公司转变，成为一家集研发、设计、生产于一体的创新产品机构。近年来，凸凹设计推行“DLS”（Dot-Line-Surface）渐进式合作方式与整合型设计策略，以革新的手法提升更具商业性情感的产品附加值，现主要致力于 3C 产品的设计开发与用户研究。公司注重充满激情的创新设计与严谨的设计管理，使之与众多的国内外知名品牌 SIEMENS、PANASONIC、NEC、DOPOD、BOSCH、HUAWEI、CECT、ARCSOFT 等成功合作。

二、凸凹设计的行业地位

凸凹设计将成熟的设计理论与创新方法应用于实际，为客户提升产品竞争力、服务质量，改变了客户的产品经营模式。目前公司所提供的服务处于同行业领先水平，其在行业中的领先地位与作用，主要体现在以下方面。

1. 入围德国红点设计奖全球设计公司排行榜前十名

在2012年由德国红点竞赛组委会发布的“红点奖全球设计排名”中，凸凹设计与来自德国、英国、加拿大、韩国等国家的设计公司一起分享荣誉，在全球设计公司排名中位列第七，在同期入围的5家中国设计公司中排名第三。在2013年发布的“红点奖全球设计排名”中，凸凹设计在全球设计公司排名中位列第十一。凸凹设计是榜单上仅有的3家连续2年入围“红点奖全球设计排名”的中国设计公司之一。

德国红点设计奖设计排名旨在把荣誉颁发给不断探索创新的杰出设计公司。入选该排名意味着凸凹设计是一家具有国际设计水准的顶级设计公司，在行业中具有领先的产品设计水平和思维。

2. 平均每年1项国际顶尖设计大奖

从2009年至今，凸凹设计已经获得多个国内外行业奖项，平均每年1个德国红点设计奖，每两年1个iF设计大奖，在同类设计公司中处于领先水平。

iF设计大奖与德国红点设计奖都是全球历史最悠久的设计奖，与美国IDEA奖及日本G-Mark奖并列国际四大设计奖。成立于1953年的iF设计大奖已是当今最重要的创新产品设计奖项之一，欧洲媒体亦称之为“设计的奥斯卡”。德国红点设计奖是国际知名的创意设计大奖，是与iF设计大奖齐名的一个工业设计大奖，是世界知名设计竞赛中最大、最有影响的竞赛之一。

2009年凸凹设计的2款设计“pet vison”与“REBORN生存救援装

置”分获德国红点概念奖。

2009年凸凹设计的“8210抽油烟机”荣获iF产品设计大奖，该产品在当年还获得“中国企业产品创新设计奖（CIDF）”。

2011年凸凹设计的“A&C Toilet”荣获德国红点概念奖。

2012年凸凹设计的“IPHONE USB SHELL”荣获德国红点概念奖。

2012年凸凹设计的“HIC6621E-A高清全天候球型网络摄像机”在来自全球50多个国家的11000件参赛作品中脱颖而出，荣获iF产品设计大奖。

3. 拥有多项实用新型专利和发明专利

凸凹设计早在公司创立之初就意识到专利的重要性，外观专利并不是凸凹设计着力发展的方向，而在设计创新过程中产生的实用新型专利和发明专利才能有效地佐证公司的含金量。2011年，凸凹设计开始启动专利运作机制，当年共申请实用新型专利7件；2012年共申请实用新型专利16件，发明专利3件。迄今，无论从专利申请数量、专利拥有数量、专利含金量来说，凸凹设计拥有的实用新型专利和发明专利都处于全国同行业的领先水平。

4. 保时捷、西门子、飞利浦等国际知名设计企业与品牌公司青睐的设计合作伙伴

开拓国际客户，接纳国际业务，是对公司设计实力的一种认可，也是公司产品向高端品质发展的需求。在经济全球化加速推进的背景下，企业在全球市场中的竞争日趋激烈，对设计的需求也日渐加强。凸凹设计对高品质的国际合作投入了更多的关注，将设计视野扩展至全球。早在2009年，保时捷设计工作室（The Porsche Design Studio）总经理Roland Heiler造访凸凹设计，沟通设计话题并洽谈商务合作。保时捷设

计工作室是全欧洲最出名也是最有声望的设计所之一。1972 年至 2007 年底，其产品屡获国际知名赛事设计大奖，更有一些设计作品被纽约现代博物馆收藏展览。保时捷设计工作室主动造访，不仅代表了凸凹设计在国际上的影响和地位的逐步提升，而且证实了中国设计市场正在被越来越多的目光关注和认可。

同在 2009 年，凸凹设计就与国际著名品牌西门子旗下的博西家用电器（中国）有限公司有了初次接触。西门子公司对产品设计有严苛的要求，对企业产品形象的统一性尤其重视，因此过去西门子公司的产品设计都是由德国本部的设计团队来完成。但本土化战略的实施与中国设计公司的设计技术水平的不断提升，使得寻找一家国内设计合作机构成为可能。通过德国总部的严格考评和精心挑选，当时仅成立 6 年的凸凹设计成为西门子在中国地区仅有的 2 家合作设计公司之一（另一家是成立于 1997 年的老牌知名设计公司——上海指南工业设计有限公司），同时赢得西门子系列热水器的合作设计项目。

2012 年，飞利浦公司推出了首款 GC670 双杆蒸汽挂烫机产品。飞利浦公司素来以注重产品设计而闻名，致力于通过及时地推出有意义的创新产品来提高人们的生活质量。其产品设计理念为“精于心，简于形”，意指产品应将技术和设计融入以人为本的解决方案中，给用户带去“健康舒适，优质生活”。GC670 双杆蒸汽挂烫机产品由凸凹设计进行设计，宁波凯波集团有限公司加工生产，且完美地体现了飞利浦公司的产品理念：设计精巧，带有脚踏开关、可分离水箱、自动绕线器和配件贮藏箱，以及挂烫机的双杆滚轮特性，确保了其非凡的除皱效率。GC760 双杆蒸汽挂烫机不仅奠定了飞利浦蒸汽挂烫产品的基本风格，也帮助宁波凯波集团赢得了荷兰皇家飞利浦电子公司的稳定订单。

国际知名品牌的青睐与成功合作，佐证了凸凹设计的技术服务水平已位列行业前茅，达到世界领先水平。

5. 国内一线品牌企业认证的 A 级供应商

凸凹设计连续多年参与广东美的环境电器制造有限公司（全球最大的环境电器制造基地）的设计招标，最终获得美的的认可，连续被其认定为 A 级设计供应商。美的 A 级供应商代表着被认定的企业具有价格合理（出色的成本控制能力）、设计质量与服务俱佳、设计实力和管理实力行业领先等要素。A 级供应商将获得认证年度中至少 50% 的产品开发项目，凭借过硬的技术实力和品牌效应，在公司其他重大设计项目中享有免招标资格。

同样，凸凹设计被列为中国移动通信集团广东有限公司的设计招标对象。招标有严苛的规定，必须在近 2 年内为电信运营商、互联网或通信企业提供过重大项目的产品工业设计、结构设计、交互设计、视觉设计的服务。凸凹设计在最终入围的 3 家国内外优秀设计公司中脱颖而出，最终方案被采纳实施通过，并且在市面上获得良好反馈。

除此之外，凸凹设计同时也是联想、海尔、老板、九阳、华为等多家品牌企业认证的设计供应商，并逐渐成为它们的核心策略与设计伙伴。

三、凸凹设计的典型案例

凸凹设计的商业模式以“创新力”为核心，以“创新设计”为出发点，逐步深入“售新专利”“造新产品”“建新品牌”。凸凹设计不仅倾力扮演“思考者”与“整合者”，还致力于扮演产品开发的“智囊团”，为客户发现机会，也助力原创设计机构转型升级，收获由“制造”向“智造”转变的范例。

1. 仿人机器人

早在 2009 年 6 月，凸凹设计受邀与浙江大学智能系统与控制研究所机器人实验室合作，共同进行“等比仿人机器人”的研发工作。该项目是科技部 863 重点课题——仿人机器人感知控制高性能单元和系统项目的代表作品，集成了机器人领域的诸多先进技术。

凸凹设计在该项目中负责仿人机器人的国内外典型设计案例研究、机器人角色设计与定义、机器人外观设计与整机结构设计（包括活动结构的外壳设计）、机器人色彩及表面处理设计与定义、结构样机制作跟踪与优化。该项目设计历时 2 年半，最终诞生“悟”和“空”2 个等比仿人机器人。仿人机器人具有 1.6 米的身高、55 千克的体重，不仅外形、体重和真人无异，而且全身拥有 30 个可以各司其职、自由活动的关节，仅手臂就能做出 7 种动作，十分灵活。这是当时世界上首个具有快速连续反应能力的仿人机器人。

图2-2　浙大中控仿人机器人

仿人机器人是一种集机械工程、传感技术、计算机技术、控制科学及人工智能等多学科于一体的产品，其非完整约束、高阶非线性和多传感器信息融合等特性，使之成为机器人领域中综合性最高的项目之一。在该项目中，凸凹设计与浙江大学智能系统与控制研究所机器人实验室合作，恰好将一流的设计水平与一流的智能控制研究水平相结合。该项目设计历时时间之长、设计难度之大、设计科研价值之高、应用前景之广阔，都创下同行业之最。

2. 海宝智能服务机器人

2010 年，上海举办第 41 届世界博览会，总投资达 450 亿元，创造了世界博览会史上的纪录，同时，7308 万的参观人数也创下了历届世博之最。而在如此庞大的世界级博览会舞台上出现的“海宝智能服务机器人”，是由世博局创意，浙江大学、中控科技集团和凸凹设计联合研制开发、设计及生产的高科技智能服务型机器人。

凸凹设计是世博局在全球范围内初选的 2 家设计合作方之一，另一家是日本三丽鸥股份有限公司（Sanrio Company Ltd.）。该公司是世界知名的礼品、卡通形象品牌设计公司，世界知名文化品牌 Hello Kitty 就是三丽鸥旗下的产品，三丽鸥代表了日本乃至全世界造型图案设计的最高水平。但最终凸凹设计通过“原型重现”“主题角色”“抽象设计”3 个解决方案，加之自身具有外观设计、结构设计与样机制作跟踪等多项成熟的设计服务，击败了三丽鸥，成功赢得世博局青睐。

海宝机器人一共有 37 台，安放在上海世博园区主要出入口，中国馆、主题馆、文化中心、世博中心、世博轴等主要场馆，以及上海虹桥、浦东两大机场，于上海世博会期间为各国来宾提供迎宾和导航等多种服务。全国多家媒体对“海宝智能服务机器人”予以报道，并给予高度评价。从入选世博局设计合作方，到击败具有世界顶级设计水平的三丽鸥，到 37 台“海宝智能服务机器人”无故障运行 180 天，可见凸凹设计在设计方案美观度、解决方案成熟度、服务完整性方面已经达到国际先进水平。

图2-3 浙大中控海宝机器人

3. 九阳 JYDZ–29 型豆浆机

九阳 JYDZ–29 型豆浆机是九阳股份有限公司和凸凹设计合作开发完成的，凸凹设计为该款产品设定的产品设计策略初衷是：时尚健康的豆浆文化。新鲜健康而富有营养的豆浆正在被越来越多的年轻人接受，然而传统豆浆机难以克服操作复杂、清洗难度大、外观设计缺乏创新等问题。JYDZ-29 型豆浆机是凸凹设计针对以上问题而开发的，强调时尚的产品形象、人性化的操作体验、科学的熬煮方式，希望借此获得广大消费者，特别是年轻一代消费者的喜爱。凸凹设计为它量身定制了健康、靓丽的色彩，充满趣味的造型，富有细节的操作、指示界面，这种清新的设计语意贴合并强化了产品最初的产品设计策略。

JYDZ-29 型豆浆机是豆浆机行业内的传奇产品。它不仅是“2008 年度中国最成功设计”大奖产品之一（该奖项旨在表彰中国设计行业具有影响力的顶尖设计师、设计公司和企业最成功的设计作品），也是“2008 年度中国家电十大创新产品”之一（最佳需求创新奖），同年位列榜单的还有海尔卡萨帝意式三门冰箱、佳能 EOS 5D Mark Ⅱ数码相机、三星 T220P 液晶显示器、LG 对开门冰箱等国际知名品牌的产品。同时，JYDZ-29 型豆浆机自 2008 年上市以来，一直持续销售，到 2013 年已创下 1200 万台以上的销售奇迹。

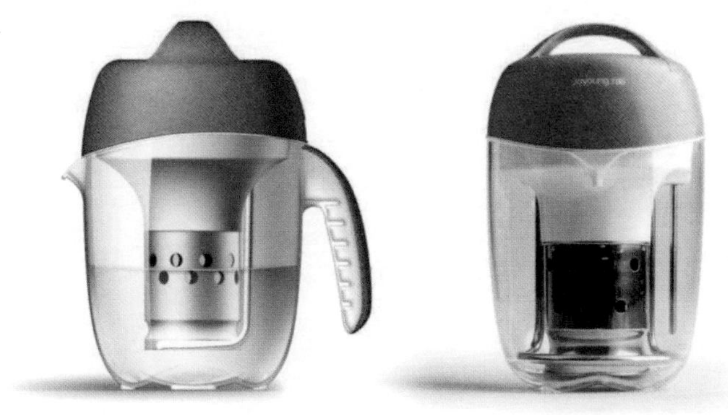

图2-4 九阳JYDZ-29型豆浆机样式设计图

4. 老板电器 8210 跨界型油烟机

8210 跨界型油烟机项目于 2007 年底启动。由于老产品生命周期即将结束，发货数量降低，毛利率下降，老板电器急需一款既能在功能上满足国内家庭烹饪要求，又能在外形上吸引消费者眼球，从而达到领跑市场目的的明星产品。另外，从产品线布局来看，面对众多竞争者，深腔型的塔形机也是老板油烟机产品急需补充的空白点。据 2007 年消费者调研数据，购买油烟机的消费者所关注的前 3 项核心利益点分别为：吸排效果、噪音大小、清洗难度。可见，传统消费思维中，追求大吸力的需求依然在消费者心中占有较重要的地位，选购油烟机最直观的指标还是关注吸力大小与拢烟腔的深浅。

明确市场现状与消费者需求点后，凸凹设计结合老板电器自身的特点，为这款产品量身定制了以下设计创新点：

体现产品良好的吸排效果。塔形机因为深腔的存在，拢烟效果好。深腔优势使消费者能够一眼看到，在吸排效果上有很大优势，因此造型设计需要很好地体现这一特点。

看起来容易清洁。除了本身使用了容易清洗的不锈钢板材外，该款油烟机在造型上采用了简洁的设计理念。这种设计也能传达出易清洁的特点，使其优于竞争对手的设计。

结合客户方的专利技术。竞争对手分别以深腔（方太）、工艺（西门子）、无缝内腔（帅康）为核心卖点，而老板电器拥有免拆洗技术，可以通过设计来传达这一技术优势。

8210 跨界型油烟机从上市至今，一直是老板电器的明星产品。2009 年，8210 跨界型油烟机在数千款参赛作品中脱颖而出，荣膺 iF 设计大奖、CIDF 大奖。CIDF 奖是中国最早设立和级别最高的产品创新设计奖项，获得此奖的产品是优良设计和精品制造的代表。8210 跨界型油烟机在上市后的 5 年时间里，销售总量远超 50 万台。

图2-5 老板8210跨界型油烟机效果图

5. 老板电器 CG8000 隐藏式烟机

“隐潮”是一个非常有意思的说法，直接意指“不明显地将时下的流行要素体现在设计作品中”，从广义上来说其中包含许多方面的“隐”。“隐潮”的命题始发于设计界对现代消费社会频频喷发的消费欲望的警醒，以及对浮夸外露的设计之风的反思。有责任感的设计师在设计过程中用“隐潮”的命题来自我约束，并借此种约束来展现设计技巧。“隐潮”虽大，但与消费者的生活息息相关，从设计趋势到设计实践的落地，也是设计师将社会责任从口头落实到行动的过程。

凸凹设计认为“隐潮”中的“隐”包含很多方面，譬如视觉上的“隐”，也就是视觉上的藏“繁”和删“余”，崇尚极简设计风格；譬如功能上的“隐”，把一些没有必要的中间件或无关紧要的小功能省略，以达到降低生产成本，增强视觉针对性的目的；譬如跨领域的“隐”，讲究在不同环境或不同的使用者使用的时候，产品可以自由组合，应对不同的使用需求；譬如消费上的“隐”，倡导一种“少就是多”的生活理念，倡导低碳环保的生活态度，为消费者设计未来的绿色生活品类。

“隐潮”是一种大的设计趋势，融入消费者的现实生活中。以厨房电器产品设计为例，凸凹设计发现大部分家庭厨房并没有广告里所展现的那么宽敞，再加上房产价格高，小户型住宅在城市住宅中占有很大比重。越来越多的城市变为新移民聚居的城市，小户型以其总价低的特点吸引了大量金字塔底的置业者和中小投资者。

而家电卖场上流行的厨房电器仍旧动辄 5 件套，甚至 7 件套，消费者没有更多的选择，不仅需要花费高昂的费用去购置，还需要付出空间成本去安置它们。传统厨房电器的设计并未跟随使用环境的变化做出相应的改变。

于此，凸凹设计提出了“隐藏式烟机”的概念，一方面使得烟机充分利用了厨房空间，另一方面使得厨房看起来更加整体化。设计师从 3 个维度将“隐潮”落实到“嵌入式烟机”的产品设计中。视觉上的隐藏——油烟不见了，油烟机也不见了。“嵌入式烟机”安装在橱柜里，减少了外露面积，由此可以有效地减少烟机清洁的面积，让清洁工作更加便捷。

图2-6　老板CG8000隐藏式烟机效果图

CG8000隐藏式烟机由老板电器与众多房地产商合作，为打造整体厨房提供了可能，而该产品的销售模式为产品的发展创造了更加广阔的盈利空间和市场。

6. “TOOUT+”——城市礼品

“TOOUT+”是凸凹设计的原创品牌，使凸凹设计从设计服务供应商转换为下一代新产品供应商。城市礼品是“TOOUT+”系列产品的一大分支，每个城市都会有属于自己的个性和亮点，或自然或人文，婀娜多姿，但在城市发展商业化、产品同质化严重的今天，如何凸显城市自己的风采成为一大重点。“TOOUT+”的城市礼品系列就是打造城市印象礼品的一个系列。

该产品线以自然材料为产品表现材料，比如竹材等，主要针对城市文创产品进行创新设计，希望立足自然，在现代生活中打造一抹自然印象，以其环保性为反塑化做出努力。城市礼品系列主要针对浙江展开。浙江盛产毛竹，而竹又是一种具有中国气节的植物，自古文人墨客对竹就有别样情怀，欣赏竹之虚心、坚韧等品性，宋朝词人苏轼曾称“宁可食无肉，不可居无竹”。另外，竹材在现代设计师眼中还是一种极其环保的材料，该材料易生长，可降解。随着技术的成熟，竹材的加工工艺已经突破了原来手工编织的状态，目前可利用CNC技术，进行材料整合拼接后再加工，呈现的造型更加简约、现代、整体。

“TOOUT+”系列产品以知“竹”常乐为主题，凸凹设计和安吉不无竹家居用品有限公司一同进行了首批竹材城市礼品的研发。产品主要分为竹制电器类和生活小品2类。竹制电器产品包括空气加湿器、空气净化器、台灯和风扇，生活小品主要是Tea Day茶具套组、懒而不庸果盘等。

图2-7　城市礼品——竹制家电系列产品效果图

博乐工业设计案例

杭州博乐工业设计股份有限公司（以下简称“博乐设计”）成立于2003年，下属博乐产品设计公司、博乐品牌策划公司、博乐展具制作公司，是国内较早成立的整合设计服务机构，被业界誉为“整合设计驱动者”，是一家以工业设计为核心的设计驱动型品牌生态企业。该公司现为国家级工业设计中心、浙江省重点企业设计院、中国十佳工业设计公司、国家级高新技术企业、浙江省成长型文化企业、阿里巴巴设计中心合作伙伴、杭州市十大产业重点企业、杭州市十大文创新势力，曾荣获德国红点设计奖、iF设计大奖、G-mark设计奖、TIA设计奖、DIA中国设计智造大奖、中国设计红星奖等国内外100余项大奖。19年来专注产品创新与品牌策略服务，开拓探索“设计产业化”模式，形成趋势研究、定义设计、研发智造、品牌孵化一条龙整合创新服务，聚焦服务细分高增类新消费企业，成为行业头部品牌，形成“创新设计+研发智造+品牌孵化”深度融合发展生态，已在杭州、深圳、重庆3个城市建立了创新运营中心。

博乐设计总计服务了500多家品牌企业，设计了1000多种新品，创新推动数百亿元商业价值，帮助近百家企业业绩增长5—10倍，并整合诸多优势制造企业和线上线下平台，成功孵化了“橙舍竹品”“Kalar餐厨”“邦先生科技”“得体智能科技”“小兽星宠物”“魅果科技”等数家创新消费品品牌，打造了一个合作共生的创新生态平台，引领了产业链底层效率改革，实现价值链重塑，用创新设计赋能，驱动传统制造企业转型升级和创新发展。该公司成为拥有“设计服务”“设计品牌”“设计生态”三大板块协同发展的集团化创新设计企业。

一、博乐设计的理念

博乐设计的创办人周立钢认为，设计源于生活，首先要热爱生活，才能真正地感知如何去做设计。他对工业设计的理解是：工业设计是以美学、工学、经济学为基础，关注用户和场景，进行产品定义、设计和转化，从而实现商业价值和社会价值的过程。从愿景上看，周立钢一直努力使博乐设计成为设计产业化的标杆。

1. 深厚的艺术功底

周立钢毕业于浙江大学计算机学院工业设计专业，企业管理专业研究生，浙江省首批高级工业设计师（高工），荣获“中国设计业十大杰出青年”“中国工业设计十佳杰出设计师”等荣誉称号。

周立钢从初中就开始学画画，后考入浙江大学计算机学院，4 年的工业设计学习让他变得更加理性。毕业后，周立钢留校参加科研项目的研发工作，他积极地加入全国工业设计学会，组织过会议、论坛、出版研讨会等。正是从那时候开始，他会从更加宏观的角度去了解设计，不单单从具体设计产品的角度，而是从一个产业的角度去更多地理解与解读。2000 年，周立钢选择在浙江大学企业管理专业攻读硕士，从艺术类到工科再到企业管理，周立钢确实选择了一条跨界之路，正是这样的选择，给周立钢后续的成长带来了不少帮助。周立钢在 2 年半时间内完成了企业管理的研究生课程，在第三年创立了公司，同时还兼职学会的工作，策划和组织中国工业设计论坛、中国工业设计精英赛、全国工业设计学术年会及国际工业设计研讨会等活动。

2. 快速的发展与成长

博乐设计成立于 2003 年，刚开始做产品设计服务。2005 年，成立了品牌策划部门，2007 年又成立商业空间部门。从产品到品牌再到渠道终端，博乐设计的服务体系变得更加完善，也算是业内最早提出一条龙服务的公司，被称为整合设计。博乐设计做了很多的全案设计后，周立钢觉得他变得更加地懂产品、品牌与市场，更加地了解未来的趋势，萌发了做品牌的想法。2014 年，博乐设计启动了“橙舍”竹制品的品牌。他们将品牌定位于简约与东方禅意相结合，一经上线就深受大家的喜爱，做到了用设计来改变原本看似并不高端的竹产业，并且持续推出新的产品，不断迭代。

2015 年，公司打造了自己的电商团队。团队运营会让大家更加地懂市场、用户和产业趋势。现在公司的运营团队和设计团队经常在一起商讨、磨合，大家相互学习，相互影响。从电商的角度来说，了解产品的核心竞争力，才能更好地做推广；从设计的角度来说，不仅要具备对未来畅想的能力，更多的是学会尊重市场，这也是设计师的责任。这样的组合让博乐设计跳出了原有的设计思维，转而与商业思维进行很好的结合，这也是博乐设计发展与成长的逻辑起点。

博乐设计有一个 CDM 理论体系：“C”是中国 14 亿人口消费升级的用户端；“M”是中国最强的制造能力；“D”是中间非常核心的连接器。

更多地去读懂用户消费趋势在哪里，和工厂整合，把符合这些需求的产品以更高的性价比制造出来去满足市场的需求。博乐设计的理念和使命就是让更多的人享受好的设计。

周立钢认为，就现在的市场而言，产品的竞争力光靠颜值肯定是不行的，竞争力表现在人家没有的功能我们具备，人家已有的功能我们更优。例如，大多数电熨斗都是有线的，博乐设计就联合得体 MINI 开创了无绳熨斗的新时代，生产了一款无线熨烫机，上市不到 1 个月销售额达到 150 万元。但创新的同时要解决很多技术问题，电池的续航能力、热量的把控、温度的分层还有安全性的测试。对于博乐设计来说，一方面是通过整合本身深度合作的工厂的技术力量，另一方面也会找一些科研机构和团队做联合技术开发。在周立钢看来，产品的创新设计很重要的一点就是对新技术、新材料、新工艺的应用。

3. 向设计产业化演进

周立钢坦言，博乐设计的目标是向设计产业化发展，关键要素包括：一是产品力，整合更好的设计、技术资源，不断去定义和捕捉未来趋势性产品在哪里；二是制造行业即供应链的能力，整合更多的优质生产企业与配套措施；三是渠道销售，需要不断地了解和积累更多新的传播方式、营销手法、渠道与平台。

就产品来说，一方面，博乐设计在原有的品牌上做迭代和更新，也去找一些新的品类做尝试和探索，孵化一些新品牌。像“橙舍竹品”作为竹制家居品牌，博乐设计会将其与金属、棉麻等材料相结合，让竹材料更具温度，推出更多有价值的新品；新品牌“素氪”利用精油雾化技术，推出精油胶囊机这样的芳香类产品，提升消费者生活品质的同时为其缓解生活压力，做到“情绪优化”。另一方面，博乐设计会整合一些新的、好的创业团队，与他们进行深度合作。例如有团队需要创新设计、供应链、渠道营销方面的支持，博乐设计可以给他们赋能。同时博乐设计建立了一家名叫“姜糊”的天猫旗舰店，把博乐设计的很多新品放在该平台售卖，也为同行提供了一个平台，用来发布它们的新品或好产品，以此强化博乐设计作为“中台”的形象和功能。

二、博乐设计的案例

博乐设计以成长型中小企业、出口转内销企业为主要客户群，为客户提供市场研究分析、品牌策略设计、产品规划设计、终端形象设计制作的一站式系统服务，为企业在转型升级的过程中提供创新设计服务，协助其提升综合竞争力，现已服务博世、德力西、美的、拓朴塑业、爱侣国际、吉利帝豪、TOMIC 等百余家知名企业，并成功孵化和培育多个项目，成长为业内一线品牌。

1. 拓朴旋转拖把整合设计

2008 年以前的武义拓朴塑业有限公司（以下简称“拓朴塑业”）一直从事着不同类型产品的外贸代工服务，制造业出口利润的持续走低，迫使拓朴塑业不得不选择新的方向。2009 年，拓朴塑业开始研发生产集“洗、脱、涮”于一体的新型拖把，并联手博乐设计进行产品设计创新，开始了自主品牌发展之路。博乐设计对拓朴塑业进行了全面的整合设计服务，以“产品创新领先性”的创新精神，对品牌整体形象进行了设计，持续开发系列创新产品，有效地提升了拓朴塑业的品牌形象度和产品销售能力。公司获得 50 余项发明、实用新型及外观专利，确立了拓朴塑业“旋转拖把领导者”的品牌地位，从全国同行业中脱颖而出。

短短几年时间，拓朴塑业实现了从外贸代工 2000 多万元年产值到 3 亿多元产值的突破，成功地从一个小型外贸企业转变为具有行业引领性和可持续发展的自主品牌企业。

2. 德力西家居电气整合设计

如何后来者居上？如何实现快速扩张？从 2007 年起，博乐设计对杭州德力西集团有限公司开展了“产品、品牌、终端”系统化整合设计服务，协助德力西成功进入家用市场。德力西以“家居电气整体解决专家”为品牌定位，以“整体解决全程无忧”的品牌核心价值引领行业新方向。博乐设计创新性地提出家居电气产品一站式解决方案，为消费者提供包括但不限于开关、插座、照明、取暖的完整家居电气产品一站式采购，使德力西成为家居电气全方位产品的提供者、家居电气全方位服务的倡导者。博乐设计的整合设计服务使德力西的品牌形象大幅提升，极大地提高了产品竞争力和附加值，并通过专卖店模块化设计方案协助其在全国建设了近 3000 个销售终端，使其从原有的 5000 万元年销售额在短短几年时间内跃升到 4 亿元。

双方在成功合作多年的基础上，于 2011 年合作共建了浙江省内首家由企业与设计公司共建的工业设计中心，成为德力西集研究、策划、设计、开发于一体的产品创新设计平台。该平台进行年度产品战略的制定、全线产品的设计开发和设计推广，为企业的可持续发展提供了不竭的创新动力。

3.TOMIC 日用品整合设计

博乐设计协助英国 TOMIC 公司（以下简称“TOMIC”）成功进入中国。博乐设计历经 8 个月的市场研究分析，成功地对国外新品牌进入中国市场进行了全面的“产品 + 品牌 + 终端”整合策划设计，以“源自英国—

风尚百年”为中国市场的主诉求，塑造了 TOMIC 鲜明的英伦风格形象，根据消费者的消费习惯开发数十款时尚水具产品，并对品牌形象和终端形象进行了系统的设计制作。通过近 4 年的发展，国内大部分大中城市商场都已入驻 TOMIC，TOMIC 现已成了风尚水具产品代表品牌。

4. 友奥移动空调——单品销售突破 5 亿元

江苏友奥电器有限公司是中国最大的移动空调生产出口商之一，在欧美市场产品占有率极高。由博乐设计在 2008 年设计完成并上市的移动空调 YPL，因其便捷、小巧、实用、高性价比等诸多的成功设计因素受到美国市场的好评，热销美国 3 年，实现单品销售总额 5 亿元，成为友奥移动空调的销售冠军产品。

工业设计的驱动力

工业设计是在人类社会文明高度发展过程中，伴随着大工业生产的技术、艺术和经济相结合的产物。美国哈佛大学教授海斯曾在 30 多年前这样预言：“现在企业靠价格竞争，明天将靠质量竞争，未来靠设计竞争。”这个预言今天已为无数企业的发展事实所证实。美国工业设计协会曾经做过一个调查，美国企业工业设计平均投入 1 美元，其销售收入为 2500 美元；如果是销售额达 10 亿美元以上的大企业，工业设计每投入 1 美元，销售收入为 4000 美元。工业设计是快速提升产品附加值和竞争力的重要手段。因而，无论是欧美发达国家，还是后起的新兴工业化国家和地区，都把工业设计列为国家创新战略的重要组成部分。比如，英国设有国家设计委员会，主持全国工业设计推进工作。日本提出了“科技立国、设计开路”的国策，在通产省设有设计促进厅、设计政策厅及产业振兴会。日本依托优良设计及先进技术，形成强大的生产力，使其设计制造的家电、影视设备、钟表、摄影器材、动漫、汽车等消费品纷纷占领国际市场。韩国在产业发展纲要中提出，力争成为世界设计强国。对于世界制造大国的我国来说，发展工业设计更是实现从“中国制造”向“中国创造”蜕变的重要途径，也是实现产业升级和结构调整的必然选择。工业设计公司 1000 万元的设计服务产值，往往能带动 10 亿元或更多销售额的工业经济增长，针对目前众多企业面临转型升级和创新发展，工业设计将是很好的助力，是快速提升产品附加值和竞争力的重要手段。

工业设计是文化创意产业的重要组成部分，加快推进工业设计产业发展，是推动杭州工业经济转型升级、加速产业形态由“杭州制造”向“杭州创造”跃升、走新型工业化之路的迫切要求，对杭州建设“东方生活品质之城”、打造“先进制造业基地”与“全国文化创意产业中心”具有重要意义。杭州工业设计的发展思路是以打造“设计天堂”为主线，以设计创新、体制创新和管理创新为动力，以工业设计产业基地为载体，以内联外引和产学研结合为抓手，围绕机械及装备设计、电子通信产品设计、纺织品设计、轻工产品设计等 4 种重点产业，依托工业设计信息平台、融资平台、技术平台、人才平台、商务平台、交流平台、研究平台等 7 个服务平台和工业设计大赛等活动，在政策支持、法律指导和知识产权有效保护的保障下，促进工业产品价值提升，进一步加快工业设计成果转化和产业化发展进程，实现杭州工业经济质的飞跃。

当前，杭州部分传统产业，由于缺乏设计创新能力，产品附加值不高，缺少自己的核心技术和专利，在产品的人性化设计和品牌知名度上与国际同类产品相比仍存在较大差距。一些民营企业的产品难以适应市场，引进的技术难以消化，自主开发缺乏系统性，科技成果商品化不得要领。这些现象表明影响产业振兴的薄弱环节始于共性基础设计技术——工业设计的迟滞。另外，大量的代工生产（OEM）使民营企业不断丧失设计能力，产品设计依赖国外。许多民营企业的设计技术缺乏专门的资金投入，更缺乏自己的设计师队伍，这也是民营企业难以走出“引进—模仿—

生产—再引进—再模仿”怪圈的原因。

设计力是一个企业创造力的重要标志，工业设计更是彰显技术创新水平与提升企业竞争力的战略工具。工业设计是提升产品竞争力、提高产品附加值、塑造知名品牌的重要手段，能够推动产业走出低价同质竞争的怪圈，进入产品竞争的新蓝海。如果不注重提升工业设计能力，将难以成为一流企业。基于工业设计在制造业中的核心地位和关键性作用，在发展制造业的过程中可以把工业设计作为龙头，作为先导行业，通过依托工业设计的发展调整产业结构，使工业设计成为杭州建设创新型城市的有力支撑。

我国的工业设计教育起步较晚，随着社会对工业设计专业人才的巨大需求，工业设计教育发展很快。杭州有开设工业设计专业的高校 10 余所，每年培养设计人才上千名，为浙江乃至全国输送了大批设计人才和设计研究人才。然而，部分院校在条件不具备的情况下仓促上马，导致专业膨胀。如何在大众教育的背景下培养出合格的设计人才，培养出优秀的本土工业设计师，满足工业设计发展的需要，是工业设计人才培养面临的挑战之一。另外，如何将设计教育再上新台阶，加快与国际设计教育的接轨，也是一项任重道远的工作。以往，我国的设计教育缺乏针对性，也就是与企业的要求、发展相脱节，学生缺少相应的实践机会，毕业后需要企业再培养，工业设计人才培养周期延长，重复劳动时间增多。现在，高校的设计教育开始注重与企业、社会的交流。

第三篇

时尚设计

时尚产业发展的杭州机会

时尚产业具有高创意、高市场掌控能力、高附加值等特征，是引领消费流行趋势的新型产业业态，正成为引领世界产业发展的重要趋势之一。发展时尚产业，是顺应世界产业发展的趋势、加快杭州传统产业转型升级、培育新经济增长点的重要举措，也是杭州展现独特韵味的客观要求。

一、内外时尚产业发展态势

1. 国外时尚产业的特点

时尚产业发端于法国巴黎与意大利米兰的服装制造业，现已形成了巴黎、米兰、伦敦、纽约、东京 5 个“国际时尚之都”。时尚产业发展主要具有以下特点：一是时尚产业起源于服装服饰业，逐步扩展至皮具、化妆品、珠宝、家居用品、电子产品、漫画、动画等产业，现已拓展到智能手机、GPS、汽车美容等方面，并形成了一批代表性的品牌产品，如巴黎时装、化妆品、香水，意大利时装、皮具、家具，东京漫画、动画，美国苹果手机，等等。二是时尚产业的发展模式从制造驱动型模式，逐步向消费驱动型模式过渡与演进。三是掌控设计和营销核心环节的时尚产业附加值高，盈利能力强。法国路易・威登、爱马仕品牌的销售利润率分别高达44.78%、38.46%。近年来日本的优衣库等一批快时尚品牌迅速发展，优衣库在全球迅速扩张，其社长连续多年获得日本首富称号。四是促进国际大都市产业结构升级和城市地位的提升。例如米兰的时尚产业带动了城市乃至整个国家的产业发展，意大利近 6 万家时尚类企业每年创造的 GDP 占全国经济总量的 11%。同时，时尚产业的发展带动了创意设计、广告传媒、现代物流、商业旅游及会展等相关现代服务业的发展。

2. 国内时尚产业的发展

时尚自古就有，但在中国作为一个产业，始于 20 世纪 80 年代，国内时尚产业总体上还处于起步阶段。近年来，北京、上海、广州、深圳等一线城市和部分经济发达城市，如杭州、大连等均提出发展时尚产业。国内推动时尚产业发展的特点：一是具有明确的战略定位。例如上海提出建成“国际时尚之都”，广州和深圳要发展成为“中国时尚之都”，东莞虎门则定位为中国“时尚名镇”，石狮全面打造“东方米兰”，成为东方时尚领域的新标杆。二是结合产业基础确定重点发展领域。例如上海提出了服装服饰业、美容化妆产业、工艺美术产业、家居用品业、电子数码产业等 5 种时尚产业重点发展领域；深圳把女装、钟表、珠宝 3 个领域作为时尚产业发展的重点。三是积极构筑时尚产业发展的平台。例如上海在松江区规划建设占地约 1.4 平方千米的“中国纺织服装品牌创业园”，打造以设计研发、产品展示和总部经济为特点的“时尚硅谷”；深圳在龙华新区规划建设占地 4.6 平方千米的“大浪时尚创意城”，推进深圳从服装加工基地向时尚产业基地转变；石狮闽派服饰时尚创意广场等服务平台相继推出。四是支持大型时尚活动。例如上海、深圳等地每年举办国际时尚周、设计师大赛、品牌发布会等时尚活动，营造时尚产业发展的良好氛围。五是引导理性时尚。如大连成立时尚产业商会，既帮助企业抓住商机，又让老百姓更好地享受现代生活，通过专业杂志、网络平台，传播前沿、时尚的生活理念与方式。

早在2015年2月，《浙江省时尚产业发展规划纲要（2014—2020年）》出台，温州已做出“发展时尚产业、建设时尚之都”的决定，加快推进瓯江口新区灵昆岛“东方时尚岛”规划；宁波围绕“创意、时尚、体验”理念，精心打造和丰创意广场；海宁围绕皮革、轻纺、经编3个传统产业升级，加大投入开创时尚新蓝海。此外，绍兴围绕轻纺产业升级，积极打造亚太时尚产业中心；义乌通过举办系列国际博览会、国际模特大赛，力争打造世界时尚之都。

二、杭州时尚产业的发展基础

仔细分析国内外时尚产业发展的要素和时尚之都崛起的规律，笔者认为杭州有着发展时尚产业的得天独厚的条件，也是国内发展时尚产业最有基础、最有条件、最有优势、最有潜力的城市之一。

1. 区位条件

杭州地处长三角核心地区，虽比东京、纽约、米兰和巴黎的纬度略低，天气偏热，但气候较为适宜，四季分明，不失为享受与展示服装时尚的地方，具有发展时尚产业极佳的区位优势。同时，杭州一直是我国的服装贸易中心，具有独特的信息、商流、流行、贸易、配送的地理优势，吸引着国内外服装企业和贸易商社，成为会展、时装发布流行信息的交汇点。

2. 经济实力

杭州具有发展时尚产业良好的市场基础和潜力。从全球 5 个时尚之都的发展历程来看，发展时尚产业与城市的经济发展水平密切相关，城市人均 GDP 一般在 5000 美元以上。2019 年杭州人均 GDP 已超过 22000 美元，消费能力强劲的中产阶层成长极快。杭州的私企业主、实业家等，受新兴文化和海外时尚的影响，在追逐潮流上表现得更加活跃。加之每年吸引上千万国内外游客和精英群体集聚，杭州成为国内发展最快的时尚消费市场，时尚消费能力在国内城市中首屈一指。

3. 产业基础

时尚产业的兴起，根植于以纺织服装为核心的轻工产业，经历了从制造向匠造和智造并举发展的过程，杭州具有发展时尚产业必需的工业基础。作为长三角南翼服装设计、生产、销售、贸易中心之一，杭州在生产组织、工艺流程、人员培训等方面，具有良好的发展传统，拥有完整的纺织服装产业链，并与绍兴、湖州等纺织服装产业集群形成有效的协同与配合。电子商务正成为时尚产业新的营销渠道，杭州服装企业中已有 70% 试水电商，如杭州市商务局牵头的“杭州女装产业带”，从线下渠道拓展到线上推广，正积极地打造“杭州时尚女装”的城市名片。杭州上城区与上海静安区、广州白云区、青岛市南区一同成为全国首批 4 个品牌消费集聚区。湖滨商圈定位为“世界遗产中的商圈”，走时尚路线，成为引领时尚、体验高端的综合体。这些都为杭州时尚产业的发展提供了良好的外部条件。

4. 文化特色

时尚产业是依赖设计生存的产业，而设计需要的是深厚的文化沉淀。杭州是中国历史上的六朝古都，有着悠久的丝绸文化历史，作为中国历史上最繁荣富庶的朝代——南宋王朝的都城，杭州拥有讲究时尚文化与追求精致生活的城市传统。时尚产业内涵丰富，必须具备兼容并蓄的文化特质、海纳百川的气魄，10 多年来，杭州秉承“精致和谐、大气开放”的城市人文精神，国际化程度日益提高，发展时尚产业的文化兼容性、宽容性得到进一步发展。

5. 配套要素

杭州具备发展时尚产业的资源优势、产业集聚优势、较成熟的市场优势和文化优势。杭州有着强大的媒体传播平台，周边产业支撑（面料、加工等），相关时尚产业配套（箱包、眼镜等），相关服务业完善（咨询、展览、设计等），专业服务人才集聚，汇聚了一大批有影响力的本土品牌，如湖滨国际名品街集聚了 17 个一线奢侈品品牌，全球众多世界顶级品牌落户杭州，杭州发展时尚产业的时机相当成熟。

6. 政策支持

时尚产业是文化创意产业、服务业集聚区的重要组成部分。近年来，杭州采取了一系列措施促进文化创意产业和服务业集聚区的发展，支持以文化创意园、时尚街区等形式为时尚产业“筑巢”等，为小型时尚企业以较低的成本进入，减少创业风险带来了有利的条件。杭州具备发展时尚产业的政策基础。

G20 杭州峰会、杭州亚运会是向全球展示、推介杭州的大好时机，也是加强同国际时尚界交流的良好契机。G20 杭州峰会、杭州亚运会都能给杭州时尚产业发展带来新的机遇。

三、推进杭州时尚产业发展的建议

时尚产业不是一个独立产业门类，而是通过各种技艺、创意、传播、消费等因素，对传统产业资源要素整合、提升、组合后形成的一种较独特的产品、商品运作模式。时尚产业不仅有一般产业的共性，还有其特殊性，所以时尚产业发展不宜照搬传统的产业培育理念和方法，而需把其纳入服务经济、体验经济的范畴和轨道。笔者就推进杭州时尚产业的发展提出以下建议。

1. 确定双轮驱动发展模式

综观 5 个国际时尚之都和香港、首尔、迪拜等新兴时尚城市，其时尚产业的演进轨迹大致有 2 种模式：一是制造驱动模式。以米兰、伦敦、东京为典型代表，依托制造业某一方面（比如服装工业、面料工业、钻石加工等领域）的强大工艺基础和技术优势，不断推出新产品，引领消费时尚，并逐步带动相关产业的多样化和集群化发展，形成完善的高技术、高附加价值的时尚产业结构。在这种模式下，时尚产品制造商或者设计商主导着时尚风格。二是市场驱动模式。以纽约、首尔为典型代表，依托终端消费时尚的强大购买力，吸引厂商、设计人员集聚，对接销售与制造、市场与研发，逐步围绕时尚产业服务，延伸拓展关联产业结构。在这一驱动模式中，销售服务、市场推广远比制造重要，通过国内外时尚企业的云集，来挖掘和形成时尚风格。2 种发展模式，有着不同的产业发展背景、城市发展阶段和要素禀赋要求：制造驱动模式要求具备绝对竞争优势的产业基础，类似意大利的男装、英国的羊毛制品、日本的电子消费品；市场驱动模式要求具备发达的流通体系和庞大的市场消费能力。

目前，杭州轻工业、知识产业等整体发展在国内居于领先地位，如杭派女装、工业设计、电子商务等产业具有较强的竞争优势，同时，商业文明的繁荣、市场信息的高度透明、消费需求的庞大旺盛，使得杭州天然地成为重要的时尚购物之都。因此，选择制造与市场双轮驱动的发展模式，将是杭州发展时尚产业的最佳途径。

2. 确定杭州时尚主导产业

结合杭州产业实际和发展趋势，着重选择一批具有较大带动性、较快成长性的行业，作为时尚产业发展的重点领域。

（1）时尚服装服饰业

依托杭州服装服饰业基础，重点发展丝绸、女装、家纺等。通过加强传统元素与现代元素、中国元素与外国元素的融合，设计具有时代特色的时尚丝绸产品。紧跟国际时尚流行趋势，倡导发展以绿色纤维、高感性纤维、功能性纤维等作为面料的服装、饰品，突出服装、饰品的功能性、美观性、舒适度及高附加值，积极地发展一批快时尚女装品牌。将杭州打造成为国际丝绸时尚中心、国际女装时尚中心和国内领先的家纺基地。

（2）时尚旅游业

时尚旅游业是与时俱进、不断创新的产业，需要抓住消费者个性化消费需求，给消费者以独特价值体验。推动杭州时尚旅游业发展，一是加快现有万事利、喜得宝、凯喜雅等企业的工业旅游向时尚旅游的转变和发展；二是探索以“园区运营、产业支撑、基金投资”为核心的运营模式，整合资源链条，深入发展产业内容，打造突显人文关怀与城市质感的“城市创意综合体”，使之成为杭州时尚旅游、时尚购物的落脚点和支撑点；三是发展新兴时尚旅游产业，依托杭州独特的山水资源，积极开发生态度假、运动休闲、露营探险、游艇等高端旅游，大力培育、开发时尚旅游产品。

（3）时尚家居用品业

围绕现代品质生活的需求，重点发展家居、家电、工艺美术品等行业。注重家居用品的绿色环保、节能降耗、智能高效、美观舒适。加强物联网技术、新一代移动通信技术、变频技术、电子感应技术等高新技术的应用，实现产品的智能化、绿色化。加快家居产业向提供整体设计、安装和售后服务的整体解决方案转变。促进传统工艺传承保护与创新发展。打造国内重要的时尚家居、家电、工艺美术品基地和中国时尚厨具中心。

（4）时尚消费电子产业

根据未来发展趋势，积极地发展可穿戴电子产品等新型电子终端产品和数字内容产业。其中，数字内容产业包括网络游戏、动漫、互动新媒体、数字音乐、数字阅读、数字出版等产业。围绕可穿戴电子产品产业链，重点突破传感器技术、语音控制和交互技术、独立运行系统等核心技术，力争在未来发展中抢得先机。建立数字家庭产业自主创新体系，完善数据家庭产品和服务的生产、运营、消费产业链。加快提升动漫产业设计创意能力，培育一批动漫产业基地。

3. 深化“五大中心”建设

杭州作为浙江省 3 个时尚名城试点城市之一，曾提出打造“五大中心”即高端设计研发中心、智能生活制造中心、时尚艺术传播中心、展示体验消费中心、人才创业创新中心的目标。笔者认为现阶段需要进一步深化“五大中心”建设。

（1）高端设计研发中心

结合特色小镇、文化创意产业园、服务业集聚区建设，规划建设一批集研发设计、总部经济、时尚展示和信息服务、技术服务、检测服务等公共服务于一体的时尚产业园,成为集聚国内外高端资源的“时尚谷”。引进和培育各类研发设计中心，扶持和发展一批创意设计工作室，突出以时尚为核心的服装、工业、家居等设计，促进传统产品与现代时尚元素结合，推动服务领域延伸和服务模式升级。扶持时尚产业网上设计交易服务平台，建设“网上设计之城”。

（2）智能生活制造中心

按照产城融合的要求，统筹考虑区位条件、资源禀赋、产业基础等因素，加强时尚产业的规划。按照构建时尚产业链的要求，吸引一些有实力的大型民营企业和国际投资企业入园，引进具有自主知识产权、具备一定规模和发展潜力的知名品牌和企业。发挥杭州对时尚产业高端要素的集聚能力，逐步建成设计引领、品牌荟萃、市场活跃、影响力大的智能生活制造中心。

（3）时尚艺术传播中心

加强对时尚产业的研究和宣传，培育新型的产业观念和创新意识，通过媒体广告、体验消费、社会公益活动等提高时尚品牌的影响力和销售效果。积极开展具有国际、国内影响力的时尚活动，以中国（杭州）国际时尚周、中国国际丝绸博览会暨中国国际女装博览会等活动为载体，开展国内外创意设计人才交流、创意设计产品与时尚企业对接、流行趋势发布、设计师大赛、时尚品牌展览展示等系列时尚活动，提升杭州时尚产业在国内外的影响力。发挥杭州跨境电子商务平台的优势，推动本土时尚产品和品牌走向世界。

（4）展示体验消费中心

时尚产业一般要通过打造新型时尚购物空间，促进时尚消费，从而传递到时尚设计、时尚制造中，逐步形成完善的时尚产业结构。迫切需要创新时尚业态和商业模式，以城市商业综合体、特色商业街为主要载体，推广轻工“工厂直销店”模式，积极推动消费业态多元化、时尚化。建设一批具有鲜明产业特色和独特风格的集设计制作、文化展示、旅游购物等于一体的时尚展示体验消费中心。加快武林时尚女装街等传统商街的提升，在四季青服装市场、杭州丝绸城等专业市场增设时尚展示体验消费中心。推进网上“时尚名品馆”建设。结合“体验经济时代”特点，开展个性化时尚消费创意设计服务，推进知识产权创造、管理、交易、运用和保护工作。

（5）人才创业创新中心

充分利用中国美术学院、浙江理工大学等高校和科研院所的优势，引导教学与科研相结合，支持有条件的高校设立时尚管理学院，培养高层次的时尚产业设计、策划、制作和管理人才，为时尚产业发展提供智力支撑。通过设立时尚消费品产业研究中心等相关研究机构，为杭州时尚消费品产业的发展提供理论和实践指导。实施时尚产业“名师培育计划”，加强对设计师的培训，通过组织设计师参加国内外具有影响力的设计大赛，发现优秀设计人才，列入时尚产业“名师培育计划”，并予以相关政策支持和重点培养。支持时尚企业引进国内外从事时尚产业的优秀人才和团队，优化对高层次人才医疗保健、子女就学、家属就业等方面的服务。

4. 加大产业政策扶持

时尚产业并不是新兴产业，它是在传统产业进行整合的基础之上发展起来的，兼具现代制造业和现代服务业的特点，所以，产业扶持政策需要兼顾这 2 个行业。充分释放各类存量政策的最大效应，加强时尚产业的政策对接与提升。

（1）制订时尚产业扶持政策

对时尚产业要制订专门的扶持政策，在人员引进和培育、联合重组、研发费用抵扣、市场流通、房租优惠、技术改造、信息化建设、终端建设、电子商务等方面，给予一定期限的奖励和扶持，促进时尚企业更好更快地发展。通过对销售量、研发投入比率、市场占有率、国际化程度、时尚化程度等主要指标的对比和分析，对时尚企业进行筛选、评比，认定为时尚企业的，享受时尚产业政策。

（2）设立时尚产业专项基金

设立时尚产业风险基金，鼓励、引导各类基金、资金进入杭州时尚产业。对服装服饰、工业设计、环境艺术、工艺美术、动漫、视觉艺术、文化创意等相关行业，给予资金扶持。鼓励风险资本和外来人才进入时尚产业。

时尚产业具有十分丰富的文化艺术内涵和鲜明的时代特征，在社会经济各个层面形成一张涵盖面极其广泛的产业网，使得各种产业元素之间相互影响、彼此作用，形成环环相扣的纽带，只要与时尚元素结合，就能产生不可估量的经济效益。时尚产业展现了一个城市在文化、科技、创意设计等方面的软实力，在一定程度上代表着城市产业的国际竞争力。随着居民消费水平的提高，杭州时尚产业蕴含着巨大的市场潜力，面临着难得的发展机遇。

中国米兰：艺尚小镇的夙愿

谈起服装，很多人认为它是生活必需品，服装产业是劳动密集型的传统行业，但如果把具象剥离，其实质是创意产品，是创意产业，因为同样的面料，如果设计不同，价格则会有天壤之别，因为同一个人，如果服饰不同，气场则判若两人。

米兰是世界公认的五大时尚之都之一，也是五大时尚之都中最具影响力的城市，汇聚了众多世界时尚名品，阿玛尼、范思哲、华伦天奴、古驰等，有“世界时装晴雨表”之称。

艺尚小镇的目标是：打造国际范儿的特色小镇，助推杭州成为“中国米兰”。

一、艺尚小镇的规划

2015 年，余杭区抢抓浙江省人民政府打造特色小镇的机遇，以传统块状家纺服装产业为基础，以人才创新为切入点，将艺尚小镇成功列入首批省级特色小镇创建名单。小镇以服装产业为主，主打时尚产业。

艺尚小镇现位于临平区（2021 年划归临平区，原属余杭区），总体规划约3平方千米,规划建筑面积约185万平方米,3年投资约50亿元。小镇创新性地将空间格局划分为“一中心三街区”。一中心是指文化艺术中心，形成小镇文化与艺术的融合空间，为产业可持续发展提供内生动力；三街区分别是时尚文化街区、时尚历史街区和时尚艺术街区。时尚文化街区是小镇重要的自建部分，会聚国际时尚产业研发精英，以中国时尚产业链为实战平台，引导时尚精英走向国际舞台；时尚艺术街区以引进中国艺尚中心项目为核心引擎，发展世界级时尚产业总部集群；时尚历史街区则是以杭州丝绸制造文明为根基，从“互联网 +”全产业链角度解决时尚企业运营的痛点，再现杭州丝绸文脉的辉煌。小镇以全球视野进行时尚产业资源的合理配置，打造具有国际时尚产业影响力的时尚大本营，实现“中国米兰”这个大梦想。

二、艺尚小镇的转型

艺尚小镇正在完成从服装产业到艺术产业的转型。“服装只是时尚产业的载体，延展开来则是生活和城市空间的美学。”据艺尚小镇运营发展有限公司董事长郑念华介绍，艺尚小镇将从服装出发，发展珠宝、家装等一体化时尚产业聚合，通过时尚展厅、设计师展厅、艺术展览、大型演出、音乐会等，丰富时尚艺术呈现。未来的艺尚小镇，不仅要有时尚企业，更要有品牌的旗舰展示，以及咖啡馆、餐厅、酒吧等休闲配套设施。每年还有时装发布会、国家级乃至国际级的行业活动，建设产业博物馆，使得艺尚小镇完成特色产业旅游的转型。

经过几年的发展，艺尚小镇如今已集聚时尚人才数千名、时尚类企业 405 家，成为中国服装“十三五”创新示范基地、中国服装杭州峰会、亚洲时尚联合会中国大会永久会址，亚洲时尚设计师中国创业基地，堪称中国时尚业“新主场”。

三、艺尚小镇的梦想

小镇大梦想，小镇大能量。艺尚小镇作为杭州唯一发展时尚产业的小镇，已成为一座展露时尚元素、引领时尚风潮的时尚主场。

艺尚小镇正加快培育产业生态，打造一个全产业生态链，从设计师的创意设计、柔性定制、创新模式到时尚的趋势分析，这些服装业的关键环节在艺尚小镇已经形成一个闭环。艺尚小镇还有面料图书馆、设计师公共平台等时尚公共服务机构，以及文化艺术中心、数字剧场、专业秀场等专业配套。

艺尚小镇以全球视野进行时尚产业资源的合理配置，有序地开展全方位的国际时尚交流与项目合作，与中国服装协会、中国服装设计师协会强化合作、优势互补，以“国际时尚人才集聚中心”“国际时尚创意交汇中心”“国际时尚产品领导中心”为目标，集聚高端要素资源，将艺尚小镇打造成为中国时尚产业发展的新高地、新样板、新地标。牵手IFM-Paris法国时尚学院、中法时尚合作委员会，筹备中国时尚教育学院。美国纽约大学时尚学院、英国圣马丁艺术学院和意大利马兰欧尼学院3个国际知名时尚学院也将与小镇展开深度合作。艺尚小镇以更加开阔的视野展望整个时尚界，从而精准地把握时尚前沿。

艺尚小镇既是产业创新升级的“发动机”，又是开放共享的“众创空间”，处处展现着江南的秀美，又浸透着人文气质。未来，它将会是一个集高端设计研发、智能生活制造、时尚艺术传播、展示体验消费及人才创业创新于一体的时尚名镇，实现“中国米兰”的夙愿。

穿越国界的艺术人生

时尚产业是浙江着力培育的八大万亿产业之一。作为省级时尚产业示范基地的艺尚小镇成立于 2015 年 6 月，经过 7 年的发展，艺尚小镇如今已集聚数千名时尚人才和时尚类企业，成为中国服装“十三五”创新示范基地，中国服装杭州峰会、亚洲时尚联合会中国大会永久会址，亚洲时尚设计师中国创业基地，堪称中国时尚业“新主场”。而艺尚小镇能成为集时尚创新产品集聚、时尚艺术文化传播、展示体验消费于一体的时尚名镇，关键是集聚了一批时尚创新人才，其中，JAC 杭州服饰有限公司的 Roze Merie 女士就是一位跨越国界的时尚设计人才。

一、Roze Merie的服装设计情结

Roze Merie 出生在加拿大，拥有法国与加拿大双重国籍。据说 Roze Merie 自幼丧母，从小在家里担起母亲的责任，12 岁就开始自己尝试缝制衣服。18 岁那年，一个偶然的机会，她受邀参加服装发布会。她说第一次站在 T 台上时，突然觉得人生的使命就是做一个顶级的服装设计师。她开始学习时装设计和制版，22 岁时，她毕业于法国享有盛名的

巴黎 ESMOD 服装学院。

大洋两岸的生活和学习经历，给 Roze Merie 带来全球化的视野、无限的灵感，其独特的视角、创造性的眼光，正是源于对服装设计的执着与热爱，让 Roze Merie 的人生充满了一个个传奇。1986 年，Roze Merie 在温哥华的南格兰维尔时尚区开设了第一家精品店，以母亲名字 JAC QUELINE CONOIR 命名的 JAC 女装品牌店，意为母爱的延续。

通过 30 多年的不断学习和探索，Roze Merie 获得无数的奖项：1992—2001 年先后 9 次获得 Matinee 艺术与商业时尚奖；2010 年获得 FMA 时尚音乐艺术成就奖；2011 年被评为不列颠哥伦比亚省 100 名最有影响力女性；2013 年被法国时尚电视台（FASHION TV）评为北美顶级设计师。

Roze Merie 巧妙地将法国巴黎的优雅知性、意大利的性感、北美的休闲融合在一起，让她的女装呈现一种独特的混搭都市风格，她也终成为一名加拿大杰出设计师。

图3-1　Roze Merie与她的JAC女装品牌店

二、Roze Merie的中国服装夙愿

几年前，Roze Merie 将 JAC 女装品牌带到了中国并落户临平区。艺尚小镇的 12 号楼，具有欧式建筑风格，清新自然，Roze Merie 的设计工作室就坐落于此。

进入中国市场后，Roze Merie 根据中国的季节变化，深入了解我国都市女性的穿衣习惯、穿着环境，以及我国南北方人体型的差别，从品质、样式、色彩等方面，对 JAC 女装进行了本土化的改进，叠加加拿大深入人心的环保理念、设计师对服装的执着与热爱、差异化的探索与研究、全新模式的创新与升级，让更多的人开始了解和喜欢这个品牌，JAC 女装得到迅速发展，在国内市场的风口浪尖下形成了自己差异化的核心竞争力。

Roze Merie 是一位非常有魅力的设计师，能在基本不懂中文，也没有翻译的情况下，凭借眼神、手势与服装厂的团队进行沟通，一遍又一遍，极为耐心。Roze Merie 经常去工厂，与服装流水线员工谈笑风生。一个微笑、一个手势，都能让员工感到温馨，员工们都很愿意与 Roze Merie 合作，哪怕是加班也都很乐意、很情愿。

Roze Merie 喜欢观察细节，她认为不论身在哪个洲，眼下都市女性都在追求用服饰彰显个性，用细节讲述故事。Roze Merie 的设计风格可谓简约而不简单，坚毅而不失性感。传统与个性共存，在保留新女性温柔本性的同时，又打破传统女性时装的老套和一成不变。

三、Roze Merie的国际设计精神

JAC 女装作为首批签约入驻艺尚小镇的国际设计师品牌，不仅是艺尚小镇对国际化品牌设计师的引进，更是国际化品牌精神的引进。

JAC 女装的设计透露出简约而不简单的风格，坚毅却不失性感。25—45 岁的都市女性，追求现代和时尚，她们在城市中有着优越的生活，她们前卫，敢于挑战，并时时透出帅气的穿衣风格，表达出她们“前卫、休闲与时尚”的生活方式。Roze Merie 融合杭派女装产业资源的强大生命力，迅速提升 JAC 女装的品牌知名度，为艺尚小镇带来了丰富的国际资源和深远影响。Roze Merie 还受邀担任艺尚小镇的形象大使。

图3-2　JAC女装时装秀

2020 年突发疫情，商场纷纷关门停业，给实体店带来了极大冲击。JAC 女装在前几年就开始培育直播市场，但 90% 的份额依旧放在商场门店，直播只占 5%。2021 年淘宝“3·8 女王节”，Roze Merie 和网络主播联手同台直播。一位是淘宝排名靠前的“大流量”主播，一位是“大设计”主播，2 人的默契配合将这场服装直播秀做到了极致。虽然 Roze Merie 只会简单地用中文说“你好”，但有着深厚的设计功底，加上微笑就是她的销售法宝。一件成衣、简单的配饰，经过设计师的巧搭，马上就变成了长裙、披肩和背带 3 款优雅造型，实现“一衣三穿”，Roze Merie 俨然是一位“时尚魔法师”。再加上网络主播的推荐和介绍，直播间的粉丝一下子沸腾起来，3 分钟便售出 200 多件成衣，让公司的财务报表显现出一派生机。

3000针的品位

长长的回廊，隔着透明的玻璃。洁白的桌子旁，老裁缝们正在穿针走线，裁剪，缝制，扎样，开扣眼……

位于杭州上城区科技经济园的老合兴洋服（杭州）有限公司，与普通服装厂不一样，这里没有一字排开的流水线，没有飞速运转的机器，没有批量化生产的服装。在快速发展、日新月异的都市，相较于现代化的设施，恪守着传统手艺，纯手工定制更显得弥足珍贵与独特。

领衔人是从事服装设计30余年的吴国英高级技师。她收集整合浙江红帮技艺，研究立体式样，立体工艺的推、归、拨等多项技艺，获得15项国家创造发明专利，同时被英国Savile Row（裁缝街)的裁缝所认可。

服装定制一直以来都是有钱人的专利，定制的服装高贵优雅。在放飞自我、展现个性化、追求高端化的今天，选择服装定制的群体越来越多。

在英国裁缝街定制一套西装费用昂贵，需要不断地试衣，以确保服装合身。

手工制作到底严格到什么程度?

一件男式西装的衣领，吴国英有自己的标准，全手工纳驳头，不多不少，总共 3000 针。

如果把西服领衬打开，里面是分布紧密、均匀的针脚。一件定制西服需要经过 300 多道工序，制作周期 45 天左右。“我们在每一个接缝处留有空隙，顾客或胖或瘦 15 斤范围内，都可以收放自如，改到严丝合缝。”吴国英很自豪地说。这一刻，你才会真正地体会到什么叫完美。完美的剪裁、完美的做工、完美的细节、完美的合身，最大限度地显露西服的气质与品位。

《尚书・大禹谟》云：“人心惟危，道心惟微；惟精惟一，允执厥中。”只有沉得下心、坐得住“冷板凳”，才能真正地做出匠心独运、经得起时间检验的作品。

任何成功的大师，一定遵循着“守得住”的传统，并不断地开拓创新，吴国英也一样。为了提高自己的专业技能，与国际顶级服装定制工艺接轨，她到英国伦敦求学、拜师，琢磨各种优秀的成衣技术……2006 年，吴国英获得英国裁缝街“手工定制工艺优秀裁缝”称号，并与英国伦敦皇家裁缝保持着紧密的技术交流与合作关系，成为多位世界名人定制手工服装的首选裁缝。2015 年，吴国英成立服装定制技能大师工作室，同年被授予“杭州市技能大师工作室”荣誉称号。2017 年，她成为首届“浙江工匠”成员之一。

善于学习、追求卓越，是老合兴洋服在国际服装高级定制领域拥有一席之地的密码。

第四篇

景观设计

创意灯光秀

说起灯光秀，大家肯定难忘，G20 杭州峰会期间，钱江新城上演了一场“城・水・光・影”主题灯光秀。

从钱塘江大桥至钱江新城之间的江水、堤岸、建筑、绿化，在五光十色、变幻多姿的灯光中展现出一幅长逾 10 千米的“钱江夜曲”璀璨画卷。22 分钟的灯光秀，分为“城之魂”“水之灵”“光之影”3 个篇章，那些美妙的灯光艺术，比语言更生动，比歌声更动听，充分展示了中国气派、江南韵味、杭州元素和新城特色。

钱塘江两岸壮观绚烂、辉煌夺目的创意灯光秀恢宏大气、令人震撼，惊艳了全世界。

此外，展现传统文化和杭州特色的夜景，还有长达 22 千米的运河亮灯工程线，乘着夜漕舫，可一路享受视觉的盛宴。西湖湖中三岛通过冷、暖光色的调节，展现出西湖四季变换、景色秀美的景象。如今，一支“钱塘夜曲”，一条“光影画廊”，一段“绚丽飘带”，高楼大厦倒映于江河，观赏灯光秀俨然已成为游客和市民夜游的好项目。

一、佰影数字科技

很少有人会想到，如此流光溢彩的灯光秀竟然出自一家小微企业——杭州佰影数字科技有限公司（以下简称“佰影数字科技”）。

佰影数字科技坐落在西湖区艺创小镇，是一家专业的数字媒体、视觉创意及影视文化企业。

公司是2011年11月成立的，2012年起，佰影数字科技运用三维图像、数字影像完成了全面地展示西湖十景、西湖美术馆等景象的政府类项目，同时大量参与众多城市在城市建设及城市规划宣传推广方面的工作，并承担了G20杭州峰会滨江沿岸墙体艺术、G20杭州峰会钱塘江沿岸灯光秀、2016年中国国际灯光节等重点项目的数字媒体影像的制作与应用。绚丽的光影艺术让无数观众叹为观止。

佰影数字科技的创始人林志龙，一位多才多艺又极其沉稳的小伙子，1984年出生于浙江衢州，带着对创意灯光秀的执着，带着15个人组成的团队，出色地完成了武林广场裸眼3D光影秀、临平新城楼宇灯光秀、千岛湖楼宇灯光秀以及鄂尔多斯楼宇灯光秀等诸多项目。

二、创意灯光秀的主题

“随着经济的飞速发展，全国各大城市越来越重视城市夜景的建设，城市夜景灯光照明正向着功能化、艺术化的方向发展。”林志龙的脸上写满自信与兴奋，“城市灯光夜景展示了城市的品位，也是城市魅力的体现。每座城市都有着自己的历史文化、发展定位、社会功能和结构特点。因此，我们每承接一个项目，首先要了解城市的定位，灯光设计就要突出城市的特色。要展现现代繁华，设计就要富含现代意识；展现古朴典雅，就要富含历史文化；展现异域风光，就要富含民族风情。”

一谈起专业，谈起创意灯光秀，林志龙就滔滔不绝。“做好创意灯光秀，表现主题确立尤为重要。”他告诉我们，一般要按城市功能区域来确定灯光秀的表现主题，如商业区应体现富丽堂皇、繁华热闹，要求灯光变幻、气氛热烈，灯光夜景集高贵、典雅于一体；政府行政区体现威严庄重，具有时代感，主题则要求朴素而又大方、高雅而又严肃；公园、旅游区应体现浪漫温馨，主题要求温馨祥和、绚丽多彩，人们置身其间，舒心惬意。

图4-1 由佰影数字科技设计的灯光秀

灯光秀要与自然环境、建筑环境、人文环境和城市片区功能和谐一致，不同的环境和不同的载体要有不同的主题思想、表现手法和实现方法。

是呀，十几分钟的光彩夺目的背后，凝结着林志龙团队多少的奇思妙想，多少孜孜不倦的探求。

“久入芝兰之室不闻其香”，林志龙告诉我们，一个城市的灯光秀建设不是越多越好、越亮越花哨就越有水平，灯光秀必须和展现主题相结合，才能营造出优美和谐的灯光夜景，为城市的夜色或主题项目增添光彩。

三、创意灯光秀的远景

2017 年，佰影数字科技还完成了全国学生运动会的楼宇灯光秀制作。“这个楼宇灯光秀时长只有 6 分钟，但需要展现‘励志奋进，奔竞不息’全国学生运动会的主题。”林志龙说，“以前没做过运动会主题，这是我们公司第一次接触体育方面的项目。刚开始，我们对全国学生运动会很陌生，不知道用什么来表现主题精神，感觉项目推进有一定困难，大家聚集在一起反复讨论，真叫苦思冥想。”

后来，林志龙团队对全国学生运动会文化底蕴进行了挖掘，把全国学生运动会的各项内容用充满动感的画面表现。每个环节都反复打磨，精确到每个像素，考虑每块画面的效果。

整个灯光秀以中国杭州低碳科技馆为中心的滨江区及与之隔江相望的上城区共 18 栋楼宇为背景，将片段式的小故事串联起来，从一个人玩球到跑起来，再到开始打球；接着，越来越多的人参与其中，足球、篮球、游泳、乒乓球等体育项目都在灯光秀中依次展现，灯光秀里融入更多的展现体育文化精神和城区典型建筑的画面和故事。

佰影数字科技的客户范围逐渐扩大，林志龙很自豪地告诉我们，吉利、国家电网、海尔、海康威视、阿里巴巴云计算、中国工商银行等都成为佰影数字科技的合作伙伴。

近年来，佰影数字科技帮海尔空调做新产品宣传，花了 15 天制作的宣传片，形象地展示了新产品的特性，起到了很好的推广效应；还帮中国工商银行做了一个理财产品的宣传片，制作周期也是 15 天。针对国家电网，佰影数字科技采用实拍和 3D 技术相结合的方式，进行特效包装，主要展示了生活中无处不在的电网，给人们带来便利和生活品位的提高。

公司虽然只有 15 名员工，但是都很专业，是一个高素质的团队，包含了数字影像的前期设计、影像灯光控制、影像投影、互动装置设计、施工等各类专业人才，在脚本创意、彩色设计、照明亮化专业技术等方面也具有独到的见解和丰富的经验。

佰影数字科技充分发挥自身的技术优势和创新思维，融合新媒体，将业务延伸至建筑效果图设计、地产三维动画制作、建筑方案咨询、工业产品动画、建筑表现可视化、影视广告、影视后期、多媒体整体解决方案、展览展示解决方案等，并在数字城市、微电影等领域积极探索和创新。

G20 杭州峰会之后，林志龙的团队愈来愈忙，福州、青岛……一个个创意灯光秀的项目接踵而来。林志龙说，创意灯光秀的关键是个性化的品牌建设，失去了个性化，就容易造成千篇一律、千人一面，就不能把城市的个性特征淋漓尽致地表现出来，也不可能引发人们对灯光景观的回味，不能让人享受其中。

期待佰影数字科技创作出更加气派的创意灯光秀，期待钱塘江畔的文创产业更加繁荣。

仓库变金库

提及杭州玉皇山南基金小镇的发展历程，“仓库变金库”的概括再贴切不过了。其实在杭州，闸弄口街道“1737 建筑设计聚落”也在演绎着“仓库变金库”的故事。

一、凤凰涅槃：综合效益明显提升

闸弄口街道位于杭州主城区东北部，传说 1737 年乾隆皇帝下江南的时候曾路过此地，可以想象当年的繁华昌盛。岁月总是无情，经历了几百年雨雪风霜，到了 20 世纪八九十年代，街域内以老旧住宅小区为主，居民以国有企业退休员工、下岗人员和拆迁安置户为主，区域基础设施相对滞后，产业发展资源较为匮乏。闸弄口新村一带，有 2 幢 4 层建筑及部分配套辅助用房组成的中烟公司烟叶仓库，建于 20 世纪 80 年代初。平时堆满烟草、尘烟四起的仓库，存在严重的消防安全隐患，且产出效益几近于无。凌乱的旧仓库和旧民居，显得沧桑而又破败不堪，世世代代居住在这里的老杭州人，时时刻刻地盼望着旧貌换新颜，重新展现当年的风采。

习近平总书记早在浙江工作时就强调，全面深化改革、促进结构调整的密码是：腾笼换鸟，凤凰涅槃。腾笼不是空笼，要先立后破，还要研究“新鸟”进笼“老鸟”去哪。要着力推动产业优化升级，充分发挥创新驱动作用，走绿色发展之路，努力实现凤凰涅槃。

2011 年起，江干区（2021 年杭州行政区域规划调整后已无该区）积极响应杭州市委、市政府“三改一拆”号召，对旧厂房仓库进行了改造提升，打造以建筑设计服务业为主导产业的文化创意产业园——1737 建筑设计聚落。园区总建筑面积 3 万平方米，于 2012 年正式开园，重点引进建筑设计、园林景观、市政管网、室内装饰等建筑设计类企业和关联业态企业。据统计，截至 2017 年底，园区共集聚建筑设计企业 110 家，相较于 2012 年初创时增长了 7 倍。2017 年实现营业收入 25.9 亿元，产税 8545 万元，占闸弄口街道经常性税收的 1/5，支柱产业地位日益凸显。园区成功引进荷兰尼塔旗下丽塔建筑景观设计有限公司、中国城市建设研究院有限公司浙江分院、中国航天建设集团有限公司浙江分公司、杭州丽尚景观设计有限公司等 30 多家建筑设计类企业和关联产业优质企业。2013 年，1737 建筑设计聚落在浙江省级服务业集聚示范区排名中位列第 9 位，2014 年位列第 10 位。2014 年聚落内的“聚落五号创意园”获评第三批杭州市文化创意产业园。2016 年，“聚落五号创意园”获评 2015—2016 年度浙江省重点文化产业园区。

仓库的蝶变，不仅实现了产业转型，提高了经济效益，而且优化了环境和人文结构。与改造前相比，环境得到根本性改观，消防隐患彻底消除，且设计艺术氛围浓厚。大量高素质、高收入的专业设计人员进入，不仅带动了周边租房、餐饮等方面的消费能力，而且促进了当地人群结构和人文社会环境的优化，也优化了社会发展资源。通过街道、社区牵线搭桥，入驻企业热心公益，积极和辖区居民群众开展共驻共建活动，帮扶济困，助老助残，为当地社会事业的发展储备了资源空间，区域综合效益明显得到提升。

二、大胆尝试：引入投资管理公司

原江干区政府和闸弄口街道在启动旧厂房、仓库改造试点工程中，决定改变厂房和仓库资源利用率极低的现状，大胆尝试，经过与产权所有者沟通谈判后，整体承租了所有仓库。原江干区政府和闸弄口街道反复商榷，根据原产业基础，确定将其打造成为以建设、设计为主题的文化创意产业园，最后决定按照“整体承租、门槛前置、中介运营、政企互动、共享多赢”的思路，引入第三方管理机构，选聘专业运营商负责改造、招商和后续运营。他们从众多公司里，精选了杭州安赛投资管理公司运营团队，并按市场经济规律负责文化创意产业园的运作管理。

原江干区政府提出并制订了开放而又周密的运作机制，实施三级管理体制，一级管理主体为原江干区现代服务业集聚区（含文化创意产业集聚区）建设工作领导小组，主要职责是宏观把握和政策扶持，确定每半年召开一次工作会议；二级管理主体为闸弄口街道组建的“1737 建筑设计聚落”工作推进小组，主要对政策落地、项目引进、资源整合、企企融合等进行监督、协助，一是搭建政府与企业、企业与企业之间的信息平台，二是每个季度、每个月召开推进小组的工作例会；三级为日常管理，也是最为烦琐的，管理对象是单幢楼宇园区企业和产业集聚区。原江干区政府大胆尝试。一方面，将三级管理分解为园区企业、产业集聚区的自我管理，另一方面，将这些日常管理托付给专业中介机构，即杭州安赛投资管理公司。

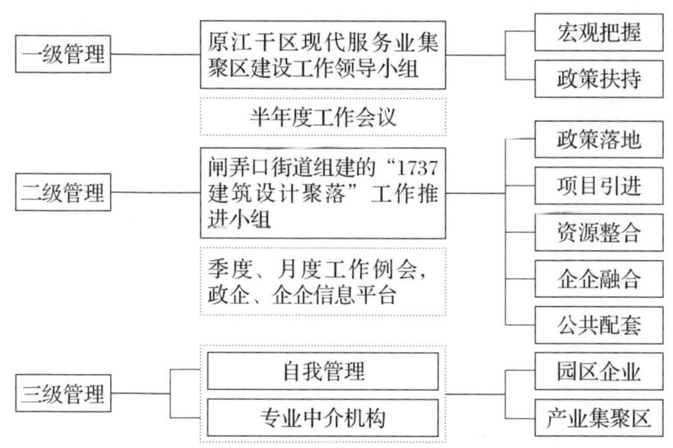

图4-2　1737建筑设计聚落三级管理体制

毋庸置疑，全国由工业遗产改造的文化创意园大多处于简单粗放、模式单一、照搬复制的状态，由于一开始的定位不清晰，很多文化创意园没有发展几年就迅速消亡，工业遗产面临第二次闲置。

原江干区政府的这种创新运作模式，让原江干区政府能从日常的事务性管理工作中解脱出来，有更多的精力专注于文化创意产业集聚区的发展方向，最为关键的是投资管理公司更为专业，管理思路、眼界和服务意识更能适应新兴文化创意产业的发展，实实在在地走“政府引导，市场运作”的产业发展道路。

实践证明，原江干区政府在1737建筑设计聚落的创新运作模式中实现了“四方共赢”：一是政府赢。街道在资金、招商、后续管理基本无投入的情况下，赢得了产业，赢得了税收，赢得了环境，赢得了社会发展的资源。二是房东赢。产权所有者无须再投入人力、资金进行管理，无须再担心消防安全隐患，而且租金收益大幅度提高。三是企业赢。入驻企业找到了更符合企业、员工需求的创意空间，建筑设计、风景园林设计、景观设计、室内设计等不同类别的企业集聚又形成了优势互补、合作发展的良好态势，更为员工实现与同行沟通交流搭建了平台。四是居民赢。区域人群结构的改变、生态环境的改善及人文品位的提高，对居民生活环境水平的提升起到了重要的推动作用。

三、立足环境：吸引优秀设计团队

“设计师们是非常挑剔的群体，究竟凭借什么来吸引他们？”这是原江干区政府和杭州安赛投资管理公司反复琢磨的事情。

小隐隐于野，大隐隐于市。

1737建筑设计聚落东临秋涛路，南接艮山西路，区域地理位置较好，交通也极为便利。尽管设计聚落地处繁华闹市之中，但走进设计聚落，曲径通幽，这里是设计师们的理想创作场所。

在环境打造方面，原江干区政府聘请了德国建筑大师本哈特温克教授，由其亲自操刀，2间透着历史沧桑感的破旧仓库迅速华丽转身，转眼就变成了建筑面积1.6万多平方米、附带空中花园、层高近6米的办公空间，变成最具个性、最前卫、最受年轻人青睐的设计者“天堂”。

每家公司的办公场所都以类似艺术沙龙的形式存在，装修风格迥异。

“不是统一的办公设计形式，开放的办公空间让我们觉得很自在舒服，创作灵感也多了不少。”中国航天建设集团浙江设计研究院团队的工作人员说。这群从事建筑设计的精英，大多是20世纪七八十年代出生，讲求生活品位，富有艺术创造力，最不喜欢的就是墨守成规了。

“我对这里可以说是‘一见钟情’。原来租的写字楼只有 300 平方米，已经跟不上业务的发展了，要在市区里找一块面积大的地方很难，但在这里可以租到 2000 多平方米的空地，可以供我们自行发挥设计。”中国城市建设研究院有限公司浙江分院院长毛科剑说。

图4-3　仓库变金库

1737 建筑设计聚落还有多功能会议室、谈心角、学习园地、党建展示中心，能提供路演，以及展示人才、产品、项目等。

负责园区运营的杭州安赛投资管理公司董事长陈德馨说，作为该区文化创意产业的重要组成部分，1737 建筑设计聚落的目标是打造杭州建筑设计产业高地，将更多的一流设计公司吸引过来，让一些小的企业发展壮大，让原有的企业完成自我更新，同时为它们提供更好的服务。

1737 建筑设计聚落非常注重平台建设，围绕公共服务平台、投融资服务平台和生活服务平台 3 个平台的打造，推进产学研合作，引入高校、院所资源服务聚落建设。聚落建立了 1737 建筑设计产业联盟，浙江大学城市学院创意与艺术设计学院与街道进行战略合作，集聚区企业间合作，建立了聚落五号党支部，开展了运动会、青年联谊会等加强园区员工立体互动的各类活动，促使员工及企业在集聚区内实现长期的发展。

“现在的年轻人有很多的好想法，但在很多时候，好想法却被资金等因素所羁绊。所以，给年轻人提供一个投融资服务平台，来到这儿，会有一个创业的好氛围，你甚至不用担心资金和合作伙伴，有好的想法就能慢慢成长！”陈德馨说。设计聚落还建造了年轻人喜欢的咖啡馆、餐厅等，营造设计聚落浓郁的生活氛围。和年轻人一起成长，才会让文化创意产业朝可持续发展的方向迈进。

建筑行业高薪不是秘密，人员流动也较其他行业频繁。据说，员工人均做不到50万元，这个建筑公司就很难做下去。闸弄口街道能把这些与建筑行业有千丝万缕的设计企业集聚在一起，谁都不想离开谁，其秘诀呢？

“把‘1737建筑设计聚落’命名为‘聚落’，就是希望以设计服务业为主导产业，同时发展、引进与设计服务业相关的配套产业，公司与公司间能在业务上互动，上下游产业链能整合在一起。”闸弄口街道时任党工委书记陈柏林坦言，建立产业联盟的重点就是搭建一个集业务信息支撑、企业优势互补、校企战略合作、培训资源共享、员工立体互动于一体的平台，让聚落内的企业都能享受增值发展服务。

“就是说现在入驻的企业，它们之间是合作关系而不是竞争关系，我们在招商阶段就有意识地对产业链进行完善。”陈德馨说，任何一家企业都可以享受最为便捷的配套服务，比如要找一个可靠的工程监理企业，走两步路就有，这为建筑企业的业务发展带来了便利。

上下游产业链整合在一起的企业构成，是少了一分竞争，多了一分协同，协同后爆发的业务量把企业、把人给留住了。

“这种管理方法很聪明。”一位建筑业内人士如此评价。

闹中取静、优雅舒适、和谐共进的产业生态环境是吸引设计“大佬”们落户的重要原因。

四、延伸服务：凝聚创业创新力量

随着越来越多企业的不断落地，聚落的影响力日益凸显，聚落紧紧地围绕“党建 +”工作理念，积极地探索集“两新”和区域党建于一体的设计产业联合党建，以党建来凝聚企业、凝聚员工，构建产业生态圈。

2017 年 8 月 15 日，江干区时任区委书记滕勇也被“吸引”到聚落参加“开放式固定主题党日活动”。

聚落已逐步形成了以党建统领产业发展的良好格局。

一是“正心修身”，发挥党员的牵引力。结合聚落企业实际，制订“两新”组织版本的党员先锋指数评价管理指标，重点考核党员在学习、业绩、守法、诚信及服务奉献等方面的情况。通过搭建“亮分台”、积分走势分析等方式，探索建立非公企业党员评价激励机制。以季度为单位，着力开展“先锋之星”评选活动，树立“旗帜”，建立“标杆”，传播“正能量”，将企业党建工作与企业的发展捆绑在一起，从企业内部推动党建工作的开展，增强企业抓党建工作的内动力。

二是“红心引领”，凝聚员工向心力。聚落党组织积极发挥“孵化器”作用，坚持以党建文化感召员工，典型引路激发入党热情，为员工提供实现价值的广阔舞台。通过设立党员示范岗、责任区，组建“党员 + 年轻人”成长联合体等方式，党员带着年轻人一起学、一起干，引导年轻人积极地向党组织靠拢。积极地营造党组织“温馨家”氛围，为员工创造良好的工作生活环境，提供实现价值的平台，开展“青春在岗位闪光”“我与企业同发展”“牵手西湖”“闸们在一起”等各类主题活动，为员工解决就餐、租房等问题。

三是“聚心合力”，增强企业凝聚力。以党建联盟为纽带，以“五共”目标为引领，搭建微信公众号、互动微博、QQ 工作群等对接平台，发挥聚落人才集聚优势和党组织的政治引领优势，共同开展党建共建活动，形成助推企业发展的强大动力。通过平台发布项目立项、土地出让、人才招聘等各类信息；举办“先锋嘉年华”等各类社团活动；开展设计人才培训会、重点项目研讨会；组织联盟企业家主题沙龙、企业招商对接会、推介会等，促成合作项目，形成了聚落内信息互通资源共享、企业间优势互补良性互动、员工间相互沟通比学赶帮超的良好氛围，产业凝聚力进一步增强。

四是“暖心反哺”，提升聚落影响力。以“同心圆”工程为载体，扩大聚落党建“同心圆”半径，与周边学校、事业单位、社区等开展共建活动，整合各类资源，使企业与周边单位建立起合作共建的良好氛围。通过找准党建工作与企业履行社会责任的结合点，建立“公益 + 党建”联合体，把党建活动和公益行动整合起来，拓宽了企业联系周边单位、服务社会发展的渠道，契合了企业与社会的公益需求。2020 年以来，聚落累计开展爱心捐赠、帮困助学、敬老慰问等各类公益活动几十次。

对于未来，闸弄口街道还有一个梦想——花 3 年时间，打造一个设计小镇，重点培育建筑设计及上下游产业链的设计企业，引进设计类企业 150 家以上，力争总产值达到 50 亿元，总税收达到 3 亿元。小镇将以运河为中心，南片对现有的老旧仓库、厂房及农居房进行改造，打造多个设计创意园；北片引进国内建筑设计龙头企业及国外知名设计公司的分公司，争取培育 5 家上市公司。运河沿岸景观带还将结合周边农居房改造，打造具有闸弄口特色的旅游风景带。

第五篇

铺地设计

品位设计

邱琛饰品定制

以下为邱琛饰品定制负责人邱琛的自述。

我叫邱琛，毕业于中国地质大学（武汉）宝石及材料工艺专业，是中国地质大学（武汉）GIC 珠宝鉴定师、钻石分级师，英国宝石协会 FGA 珠宝鉴定师。2015 年毕业之后，我在杭州开设了自己的珠宝工作室，在新媒体平台进行珠宝专业知识的科普，工作室则提供各类珠宝首饰的定制服务。

随着时代的发展，人们对个性化的追求也体现在了珠宝首饰上，越来越多的人追求独一无二的首饰，希望自己的珠宝拥有独特的设计感，很多顾客希望把自己的人生经历融入首饰的设计当中，把珠宝首饰变成回忆的体现，将故事融于设计，让首饰拥有自己的温度。

我时常鼓励顾客自己进行珠宝设计，简单地画个草图或者将设计理念告诉我们，之后我们的工作室再对初稿进行改进，顾客的灵光一现也可以变成一件漂亮的首饰，我们相信每个人都是最优秀的设计师。

有一件我很喜欢的作品——钢琴对戒，是我和顾客共同完成的。顾客和她的男友都是周杰伦的歌迷，钢琴对戒的灵感来源于他们都喜欢的电影《不能说的秘密》，每个戒指一圈刚好是 7 个琴键，B 和 C 是他们外号的首字母（绿豆 bean 和萝卜 carrot），所以在这 2 个琴键之间有一颗爱心，爱心中间镶嵌了一颗象征永恒的钻石，这是顾客定制给自己和男友的纪念礼物。

拿到实物之后，顾客非常满意，很感谢我把她设计的 Logo 做成好看的戒指，把想法做成了看得见摸得着的实物。就算是一件小小的首饰，也可以让顾客感受到珠宝设计的乐趣和意义。定制充满故事的首饰，见证美丽的爱情，我时常能在我的工作中感受到满满的幸福。

图5-1 邱琛饰品定制为客户设计的“钢琴对戒”

每天和漂亮的宝石、精美的首饰打交道，最动人的往往是隐藏在首饰背后的故事：为母亲定制一款她年轻时错过的项链，为爱人定制一款她随手画下的求婚戒指，为自己定制一件成长的礼物，等等。设计可以表达爱、表达喜欢、表达感谢，设计可以将更多的故事赋予珠宝，设计可以将美好定格在某个瞬间，希望我们都拥有发现美的能力，每个人都可以成为最优秀的珠宝设计师。

定格动画，童年记忆

——杭州蒸汽工场印象

杭州蒸汽工场文化创意有限公司（以下简称“蒸汽工场”）位于上城区东方电子商务园内。走进蒸汽工场的制作现场，四周摆放着木材、布艺、橡胶、硅胶、树脂、塑料黏土、橡皮泥等动画制作用的道具，毛茸茸的小动物给人栩栩如生的感觉,瞬间唤起我们沉淀已久的童年记忆。

蒸汽工场是一家专业影视创作公司，主要从事定格动画制作，也是我国最专业的定格动画制作公司之一。

一、定格动画的辉煌与衰弱

1. 经典之作，老少皆知

什么是定格动画？蒸汽工场的经理助理尹秀慧向我们介绍，定格动画正如它的名称所述，是通过逐格地拍摄对象然后使之连续放映，一般 1 秒钟要制作 20 幅画面，从而呈现仿佛活了一般的人物或你能想象到的任何奇异角色。

定格动画一般都是由黏土偶、木偶或混合材料制作的角色来演出的，这种动画形式的历史和传统意义上的手绘动画的历史一样长，甚至可能更古老。

20世纪50年代以来，我国动画艺术家们创作了《渔童》《神笔马良》等优秀作品，而后又相继创作了《三毛流浪记》《火焰山》《小马虎》《三个邻居》等作品，深受人们的喜爱。《孔雀公主》《曹冲称象》等动画独具民族特色，艺术性很强。20世纪80年代的动画《阿凡提的故事》更是老少皆知。《阿凡提的故事》中男士的头巾、女士的面纱、画面中各个角色穿戴的服装鞋袜，都以布料本身展示了维吾尔族的民族特色，高超的艺术赢得了观众的认可，成为我国动画的经典之作。我国的很多动画作品是根据民间故事改编，对大量素材进行选择整合，故事情节幽默、诙谐，给观者带来全新的视觉感受，对青少年的健康成长具有积极的教育意义。

2. 制作复杂，技术迭代

儿时记忆中的动画片，如今难觅踪影，在全球也几乎是“稀缺存在”，原因是新技术不断迭代，而传统动画片制作非常复杂。尹助理介绍，定格动画制作分为前期准备、中期制作和后期特效。前期准备包括项目规划、剧本创作、人物和场景设定、分镜头创作。定格动画的人物、场景设定要考虑实际的制作能力。相比其他类型的动画，定格动画的制作过程每一步环环相扣，紧密相关，所以前期准备尤其需要计划周全，考虑仔细。中期包括场景、道具、人偶的制作及拍摄。人偶的制作是定格动画制作中最复杂的环节。定格动画所用的人偶，内置有一个金属骨架，外壳则为了长期使用而会牵涉到翻模技术。随着科技发展，现在工作人员会使用3D打印技术制作角色表情。定格动画的拍摄一般选用单反相机固定机位，运用Dragonframe软件等定格拍摄软件拍摄。后期包括修图、后期特效、音效。一般动画的配音都会放在拍摄之前，根据配音来拍摄。由于是逐帧拍摄，拍摄中可能会用到定位器，所以拍摄完成后，先需要用 Adobe Photoshop 软件修图，再用 Adobe Effect 软件导出、做特效，用 Adobe Premiere 软件添加音效。

图5-2 工作人员正在进行定格动画的制作

因为定格动画中的场景和人物都是人工制作出来的,涉及各种材料，如树脂、黏土、布艺、毛绒、实物玩具、真人、纸艺、废旧材料等，所以制作起来相当复杂。20 世纪 90 年代后,由于三维电脑技术飞速发展，CG 动画迅速占领市场，人们追求视觉特效，更愿意观看充满科幻色彩和画面光彩陆离的特效大片，定格动画逐渐褪去了光芒。

二、蒸汽工场的执着与成效

1. 逐帧造梦，坚持到底

蒸汽工场致力于打造中国原创定格动画及相关产品。“公司是 2004 年成立的，开始从事影视创作和品牌策划，慢慢地专注于定格动画的创新和创作。”尹助理告诉我们，公司的文化理念就是“逐帧造梦，死磕到底”。正因为这10余年来核心团队专注于定格动画的创新和创作，公司现在才拥有了一支包括导演、编剧、美术、分镜、制作、拍摄、后期编导、三维特效在内的成熟稳定的创作团队，有900平方米的专业定格动画摄影棚。公司一贯坚持原创，目标是在下一个10年，通过原创动画、电影、网络剧、游戏等多领域的融合，打造出2—3个可持续发展的原创经典动画品牌。尹助理坦言，有了一些优秀的作品，后续的推广和合作就会轻松很多。蒸汽工场正收获着很多意想不到的惊喜。2017年6月，在法国昂西国际动画电影节上，蒸汽工场的短片《教育，让成长更精彩》入围了昂西商业组竞赛单元，并在动画节期间上映展播。2017年10月，蒸汽工场带着《口袋森林》《灯泡人》《离奇镇》《玫瑰公寓》4个作品参加了戛纳秋季电视节，受到英国、美国、法国、意大利、印度等20多个国家的关注，有60多家电视台、平台和发行商找到蒸汽工场，商谈今后的合作。

2. 放眼未来，执着当下

“10多年来，公司参与创作的定格动画总时长近4000分钟，包括原创动画系列剧、电影样片、创意短片、电影广告……”尹助理很自豪地介绍，“这当中，《口袋森林》关注度最高。”尹助理一边向我们介绍，一边给我们播放《口袋森林》。“《口袋森林》是一部针对3—7岁儿童的亲子系列动画片，每集7分钟，一共52集。故事围绕小熊布蕾成长过程中的点滴展开，以小朋友的眼光看待生活中的一些事情，去研究，去探索，去发现。我们把小朋友成长过程中可能会出现的故事点融入动画片中，在给小朋友带来快乐的同时也教会他们一些道理。我们希望小朋友能与故事中的小熊宝宝一起学习，自己去探索问题的答案和其中的奥妙，让儿童在不知不觉中体验学习的乐趣。”2015年初，蒸汽工场就开始策划《口袋森林》，在造型、颜色、材质、故事等方面的准备上，用了近 1 年的时间，并依据市场调研的信息，反复打磨，光样片就推翻过 5 次，花费了 2 年半的时间进行制作。

图5-3 《口袋森林》定格动画场景设计

随着蒸汽工场定格动画内涵的不断挖掘、深化和提炼，其艺术魅力必将越来越显现光彩，无愧于我国当下最专业的定格动画制作公司之一。

阿里体育“第一馆”

没有全民健康，就没有全面小康。

全民健康除了要有良好的生活环境、有效的医疗服务、安全的食品保障之外，合理的常态化运动也是不可或缺的。而在高楼林立的都市，运动需要场馆、场所。

江干区委、区政府颇具前瞻性。早在 2019 年 8 月 3 日，杭州首个大型智慧文化体育综合体——阿里体育中心正式在江干区（现属于上城区）开业。

阿里体育中心位于九堡，坐上地铁 1 号线，到客运中心站下车步行 10 分钟就到了。一个萌胖的“大铁罐”建筑，每天有好多人背着运动包进进出出。如果是自驾的话，阿里体育中心有 300 多个机动车车位可以使用，车辆自动识别、移动支付，大大地方便了前来运动的市民。

阿里体育中心建筑面积有 4 万多平方米，足足有 8 层，可以同时容纳的运动爱好者的数量不容小觑。

一楼是少儿健身场馆，包括健身馆、舞蹈教室及跆拳道教室等。二楼是运动玩乐园，有风靡韩国的拥有 32 款游戏的 AR 体感互动科技体育玩乐园（VS park）、日本真人 AR 竞技游戏 Hado，让原本不存在于现实世界的影像展现在眼前，呈现出一个神奇的视界。楼下电竞，楼上打球，3—5楼有传统的运动场馆，有篮球、网球、游泳、羽毛球、乒乓球、舞蹈等多个体育业态。最让运动爱好者心动的是顶层8楼的室外足球场，在绿茵茵的球场上跑一跑，远眺快速发展的城市和九堡风光，感受都市生活的美好。

图5-4 阿里体育中心的篮球馆

体育中心当然处处充满阿里元素，场馆的智能化是不可或缺的。例如先享受后付费的篮球馆、无人值守的足球场、自助入场的游泳馆及刷脸进场的电竞玩乐园。阿里体育中心还联合了淘宝、支付宝、天猫篮球赛、阿里音乐、优酷、大麦网等品牌商，发挥互联网和新零售的优势，让市民感受到新型运动综合体带来的极大便捷。听阿里体育中心的负责人介绍，他们还将开发新的App用于打通区域内所有场馆，为市民提供卡路里换卡币、实时身体数据汇报等服务。

近年来，原江干区高度重视全民健身运动，在土地资源日益紧缺的情况下，相继建成江干区体育中心、九堡文体中心、丁兰文体中心，满足市民对文化体育的需求，使市民运动变得更加简单、更加方便。

作为杭州首个大型智慧文化体育综合体和阿里体育“第一馆”，阿里体育中心一方面要给市民提供实惠，另一方面要让企业能运行下去。原江干区和阿里体育集团都为阿里体育中心的建造和运营花费了大量心思，结果达成：在每个工作日的 10 时至 14 时，阿里体育中心、江干区体育中心、丁兰文体中心，向市民免费开放篮球馆、羽毛球馆、乒乓球馆等部分健身场馆；每月 8 日，全部健身场馆都免费向市民开放，还有面向残疾人、老年人等的特殊优惠政策。让所有市民舒舒服服运动，让所有市民都能享受城市发展的红利。

图5-5　阿里体育中心的乒乓球馆

健身运动爱好者在享受运动带来的快乐的同时，也能真切地感受钱塘江两岸的快速发展，亲身体验新时代杭州人的幸福生活。

钱运国际社区

位于钱塘江和京杭大运河交汇之处的四季青街道钱运社区，一共住着 1.5 万居民，其中，来自美国、法国、加拿大、俄罗斯等不同国家的 630 多名国际居民在这里工作、生活，钱运社区也被称为“杭州外国人最多的社区”。

社区如何服务？如何实现文化的共融？钱运社区摸索出了一套行之有效的服务体系。

“国际社区第一个标志就是双语。”钱运社区书记介绍道，社区标识、服务窗口、网站及各种服务手册都使用了中文和英文。社区的墙面上还悬挂着主要国家的国旗。

来自墨西哥的方硕在钱运社区住了快 2 年了，他特别喜欢社区的“IF”服务理念，即 Internationalization（国际化）、Family（家庭），让大家感觉钱运社区既时尚又温馨。

钱运社区紧紧依托钱江贝赛斯国际学校、全程医疗等区域国际化资源要素优势，着力打造包含 Institute（教育）、Fantasise（创业）、Integrate（治理）、Festival（睦邻交流）等在内的十大国际化场景。

钱运社区联合原江干区各职能部门，积极探索“周周有主题，月月有活动，季度有座谈”的服务共享新模式，全面提升钱运社区服务水平。

一、创办“周周有主题”专题服务日

每周固定时间，钱运社区邀请原江干区出入境管理局、原江干区科技局、钱江海关等 5 个机关单位，开展“法律”“生活”“往来”“双创”4 个主题服务日活动，提供境外人员临时居住登记、来华工作许可证登记、个人物品出入境政策咨询、公司货物进出口报关办理、涉外法律咨询等 10 余项服务，为在杭外籍人士搭建安居乐业的平台。同时，社区提供租住房信息、人才咨询、帮助子女入学等服务，让国际人才在社区创业、生活畅通无阻。原江干区专门出台《江干区关于支持国际人才创业创新的实施意见》等政策，通过创业资助、年薪补助、专业中介、商业保险、子女入学、购车上牌等全周期和全要素服务，为国际人才提供更大的自由度和便利度。

二、打造“月月有活动”精品文化平台

钱运社区每月至少开展 2 场国际文化交流活动，例如暑期国际儿童夏令营、杭州国际日专题沙龙、国际运动会、国际志愿活动日等精品活动，为工作和居住在社区的国际人才提供宜居、宜业、宜学的便利服务，以文化为纽带，以家庭为细胞，促进国际文化的融合。遇到中国传统节日，钱运社区还会组织各类社交活动，让国际居民深入地了解中国文化，架起中外文化共融、沟通的桥梁。

三、开展“季度有座谈”提升服务内容

每季度首月与各部门开展一次专项座谈，与会人员集思广益，就服务日活动中收集到的共性问题进行分析，根据需求及时调整服务内容，使服务更有针对性、方向性、实效性，优化国际人才生态，有效地吸引国际人才流入，提升高新项目的吸引力，推动杭州城市国际化水平和经济社会的高质量发展。

作为杭州“拥江发展”的主战场，近年来，原江干区致力于打造省会城市中心城区一流的国际化宜居环境和创业生态，让杭州成为天下英才向往的地方、外国友人逐梦的天堂，钱运国际社区由此成为国际文化共融的典范。

第六篇

空间设计

拥江发展：刻画杭州新轴线，拓展城市新空间[①]

江河是人类文明的发源地，也是城市拓展的新轴线。综观城市的地形图，一般都是沿江、沿湖或者临海而建。这种城市布局充分地展现了人类的智慧：江河湖海有着充沛的水资源可保障城市供给；水路交通运输便利，成本低廉，更有利于大宗物品的运载。我国受经济规模和发展总体水平的制约，城市一般以单边沿岸或跨越较小的江河而布局。随着城市化的快速演进，越来越多的城市寻求更大的发展空间，跨江发展现象更加普遍，如上海、南京、长沙等城市均实施跨江发展战略，从而推进城市空间扩张和功能扩散。

钱塘江是杭州的“母亲河”，也是杭州的黄金水道，沿江区域是杭州最具发展活力和发展潜力的地区。由于防洪因素和传统产业格局，长期以来，杭州城市背江发展，形成了“江不见城、城不见江”的状态。“跨江发展”战略的实施有效地解决了城市发展空间不足的问题。

2017 年 6 月，杭州市委城市工作会议提出实施拥江发展战略，到

---

① 周旭霞：《拥江发展：刻画杭州新轴线，拓展城市新空间》，《杭州日报》2018 年 1 月 9 日，第 A18 版。

2035 年，杭州基本形成以钱塘江为中轴的市域拥江发展格局。如果说过去“西湖时代”，杭州是围绕西湖点状向外扩展的话，那么，“钱塘江时代”，杭州是以钱塘江为新轴线向江南、江北拓展，形成一个以钱塘江为主轴，江南江北联动、拥江发展的城市组团发展新格局，杭州市域空间也从“三面云山一面城”向“钱塘江水穿城过”嬗变。钱塘江不再是城市的边界和屏障，而是城市的中心纽带和核心公共空间。拥江发展的实质是整合和优化两岸资源配置，整体提升城市能级。杭州将采取“控、治、修、建、调、优”等综合措施，“六位一体”打造生态带、文化带、景观带、交通带、产业带、城市带。拥江发展战略的推进，必须从其本质要求出发，从整合产业资源配置入手，以扩量提质为取向，实现产业资源的价值升级。

一是构建串珠成链的景象。一直以来，世界文化景观遗产（西湖）、世界文化遗产（京杭大运河）和钱塘江是杭州并列的 3 种水景旅游资源。作为吴越文化主要发源地之一，钱塘江两岸有许多历史遗存，如钱塘江海塘修建历史悠久，古海塘与长城、大运河曾被称为我国古代最著名的建筑工程，有极其珍贵的文化旅游价值。此外，钱塘江两岸还有钱塘江博物馆、南宋皇城御街遗址、南宋官窑博物馆、八卦田遗址、六和塔等。沿江而上，均为山区丘陵，有比其他沿江城市更加丰富的风景旅游资源，如黄公望森林公园、富春山居图原景地、桐君山、严子陵钓台等一系列自然人文景观，钱塘江—富春江沿岸更是山清水秀、风景怡人。钱塘江两岸如能增设渔人码头，那么更有助于发展水上旅游产业。G20 杭州峰会期间，以钱塘江两岸钱江新城建筑群为背景，沿岸灯光秀绚丽的光影、美妙的声音，让无数市民和游客都叹为观止。杭州境域内拥有大约 235 千米长的钱塘江岸，如果借助拥江发展的契机，通过环境整治、功能提升、文化塑造，将沿江旅游资源串点成线，串珠成链，会大大地丰富杭州的旅游资源，彰显人文古都的韵味。

二是发挥产业协同的力量。产业是拥江发展的根本支撑。按照《浙江省环杭州湾产业带发展规划》等政策性文件的战略定位，杭州湾产业带要打造成世界级的先进制造业基地，成为世界黄金产业带。对杭州而言，杭州经济技术开发区、钱江新城、萧山经济开发区、滨江（高新）区、钱江世纪城等均是引领杭州湾产业发展的生力军。产业协同是拥江发展的客观要求。例如滨江（高新）区在高技术产业、创新发展等方面领先；钱江新城在金融服务方面发挥着积极作用；杭州经济技术开发区、大江东产业集聚区则具备制造业的有力支持；临空经济示范区拥有空港产业基地和物流中心。目前，功能单一、各自为政、同质化竞争激烈等现象依然存在，钱塘江产业带功能不突出。如果各方能优势互补、强强联合，必将互利共赢。产业协同并非易事，需要在市级层面通盘考虑，从全域的角度确定区域的产业功能定位。如一个湾区中包含多个港口城市，以港口群的形式存在，提升港口群的整体合力是推动湾区经济发展的必然要求。日本运输省港湾局在 1967 年实施了“东京湾港湾计划的基本构想”，把该地区 7 个港口整合为 1 个区块分工不同的有机群体，形成一个“广域港湾”，较好地解决了东京湾内的港口竞争问题，将各港口的竞争转换成了整体合力。在杭州拥江发展战略的推进中，迫切需要上下游联动，引导产业分工协作，发挥区域产业协同的力量，才能释放出源源不断的活力。

三是弥合有机分割的现象。30 多年来，杭州在城市空间上取得了历史性的拓展，但在城市内在功能的组织优化和有机整体性方面仍然相对欠缺，尤其表现为钱塘江南北、钱塘江上下游发展不均衡，一体化程度较低。无论在经济总量还是人口活动密度方面，江南江北发展不均衡现象十分明显，据杭州市工程咨询中心课题组测算：江南与江北的区域面积呈“四六开”分布，但两者的经济总量为“三七开”，江北的GDP是江南的2倍多；在城市功能上，江北汇聚了杭城主要的商业商务区、科教文卫设施和区域交通设施，人口活动强度远远大于江南地区。江南地区受到行政体制和建设机制的制约，缺乏更有力、更紧密的经济社会联系基础。杭州未来的城市竞争力在很大程度上将取决于江南与江北、上游与下游的有机融合程度，通过实施拥江发展战略，强化南北均衡、上下融合的发展理念，优化配置城市用地和产业功能，合理引导一批教育、医疗、科技、文化、体育等方面的城市功能设施向江南、上游区域转移，逐步缩小钱塘江南北、上下游的差距，加快形成有机融合、协调发展的新格局，从而提升城市运行效率，使钱塘江成为具有独特韵味的城市新轴线。

之江文化产业带江干实践研究

文化，是镌刻在杭州这座城市中的隽永基因。创意与文化的结合，激发出了杭州无限的活力。从全国首个联合国教科文组织“工艺与民间艺术之都”到“全球学习型城市”，从闻名遐迩的中国国际动漫节到一年一度的杭州文化创意产业博览会，文化产业已成为杭州一张金色的新名片。2017 年，杭州文化产业增加值实现 1580 亿元，占 GDP 比重高达 12.9%，全市文化产业总体规模居全国副省级城市第 2 位。

伴随着“数字经济第一城”拥江发展等战略的推进，杭州之江沿岸已经聚集了重要的文化场馆、文化特色小镇、科创策源地等产业平台，为打造文化产业高地创造了有利条件。

2018 年 4 月，浙江省人民政府常务会议审议通过了《之江文化产业带建设规划》（以下简称《规划》），未来之江将打造万亿级文化产业，成为浙江文化建设的重要战略部署。

2018 年 9 月 6 日，杭州市召开全市打造国际文化创意中心暨加快推进之江文化产业带建设大会。未来杭州将以“之江文化产业带”为核心，推动杭州建成“全国领先、世界前列”的国际文化创意中心。

文化是世界名城的灵魂，繁荣的文化是世界名城的标志。新时代助推城市发展的力量正在改变，之江文化产业带将是杭州打造“国际文化创意中心”的主引擎。

一、文化产业带的相关研究

文化创意产业是一种在经济全球化背景下产生的以创造力为核心的新兴产业，强调一种主体文化或文化因素依靠个人（团队），通过技术、创意和产业化的方式开发、营销知识产权的行业。主要包括广播影视、动漫、音像、传媒、视觉艺术、表演艺术、工艺与设计、雕塑、环境艺术、广告装潢、服装设计、软件和计算机服务等方面的创意群体。发展文化产业是深入贯彻习近平总书记系列重要讲话精神、坚定“四个自信”的重要支撑。

欧志葵（2017）对粤港澳构建粤港澳大湾区文化产业带进行探索，他认为，文化产业是湾区经济的重要组成之一。花建（2017）表示，从国际三大湾区来看，大湾区经济的特点主要有 3 个方面：一是聚集全球创新资源，二是高度开放和联通的体系，三是大城市群的高度一体化。向勇（2017）指出，根据过往经验，城市群的发展趋势是从农业革命时期的商贸城市，向工业革命时期的工业城市、信息革命时期的商务城市迈进，最终走向创意革命的创意城市。而目前粤港澳大湾区经济的走向，正是向创意城市群发展。陆穗岗（2017）认为，文化产业带建设的根本路径在于创造性转化、创新性发展。张玉玲、张志国（2014）探索了文化产业带如何与经济带“比翼齐飞”。王青亦（2015）总结了丝绸之路文化产业带的发展策略，即整体规划、打造特色产业、培育知名文化品牌、发展新兴业态及扶持小微文化企业等。总之，学者们认为，整合文化资源，一湾多点，精彩纷呈。在大战略的统领下，集聚传统文化、工业设计、高端智造、金融服务、经济研究等领域的专家学者，整合文化资源，才能形成文化产业带。

目前，对之江文化产业带的研究成果依然鲜见，而之江文化产业带原江干区的实践更有待研究。

二、之江文化产业带的总体规划

之江文化产业带以钱塘江杭州段为轴线，将按照“串珠成链、核心引领、节点支撑、组团发展”的开发导向，总体构建“一带一核五极多组团”的空间开发格局。

1. 之江文化产业带的布局

之江文化产业带是以富阳大桥到杭州经济开发区江段为轴线，向两侧延伸，以上城区、西湖区、滨江区、萧山区、富阳区等多个沿江分布区域为核心，形成“一核五极”的空间发展格局。这些区域集聚了一大批高水平文化教育科研机构、高端文化服务机构和文化行业领军企业，是浙江文化产业发展的前沿阵地。

表 6-1 之江文化产业带的规划

序号	一核五极	核心区域	产业规划
1	之江发展核	之江转塘、富阳银湖	以数字文化、影视产业、现代演艺、艺术教育等行业为重点，使之成为“之江文化产业带”的核心引擎，积极地抢占全球数字文化产业发展的制高点

续表

序号	一核五极	核心区域	产业规划
2	上城发展极	南宋皇城小镇、望江新城	以文化休闲旅游、创意设计、艺术品等行业为重点，打造兼有皇家古韵和市井风情的南宋文化体验中心和旅游国际化先行区
3	滨江(白马湖)发展极	白马湖生态创意城	以动漫游戏、网络文学、文化会展等行业为重点，打造国内领先的文化和科技融合发展示范地
4	奥体（湘湖）发展极	钱江世纪城	重点发展音乐产业、文化体育、文化会展等行业，打造空间集聚度高、专业特色鲜明、联动效应突出、国际风范十足的大型都市综合体
5	九乔发展极	钱塘智慧城	重点发展数字时尚、创意设计、互联网文化等行业，构建在全国具有广泛影响力的数字文化创意产业集群
6	富春发展极	东富阳辖区	重点发展数字文化、文化休闲旅游、艺术培训等行业，打造国内知名的特色文化休闲旅游目的地和与世界名城相适应的人文发展新地标

《规划》提出，将按照串珠式布局模式，串联起区域内的产业基地（组团）、文化企业、文化金融机构、文化服务发展平台、文化教育艺术单位及其他各类文化设施，打造集文化长廊、生态长廊、旅游长廊等于一体的之江文化产业带，构建拥江发展格局。

2. 之江文化产业带的特色

从西湖边到钱塘江畔，之江文化产业带集中了杭州的优质资源。未来，之江文化产业带重点鲜明地聚焦四大杭州优势文化产业：数字文化产业、影视文化产业、动漫游戏产业和艺术创作产业。

（1）数字文化产业

数字文化产业旨在通过建设之江数字文化产业园，推进国家数字出版基地建设，打造数字传媒全国高地，创建国家音乐产业示范基地，拓展数字文化产业发展新领域。杭州利用自身的文化优势，依托阿里巴巴等互联网巨头的技术支持，形成数字娱乐、数字传媒、数字出版、网络文学等一系列数字文化产业。如现西湖数字娱乐产业园囊括了娱乐网站、电子商务网站、VOD 点播、增值服务等配套产业，产业内部和产业间已初步形成了良好的互动发展机制。

（2）动漫游戏产业

动漫游戏产业重点是实施动漫游戏产业提升专项行动，高标准推进动漫节和动漫博物馆“一节一馆”建设，加大浙产动漫国际市场开拓力度。

杭州连续举办了 17 届国际动漫节，拥有 2 个国家动漫产业基地和 3 个国家级动画教学研究基地，中国动漫博物馆也已建成使用。杭州玄机科技出品的《秦时明月》为中国首部 3D 武侠动漫，目前已成为中国最具影响力的动漫 IP 之一。以边锋网络、电魂网络、网易雷火等为首的游戏企业，每年生产 500 多款游戏。2017 年，杭州与腾讯联手，首次举办杭州电竞峰会。杭州还有电竞小镇、网游小镇，显示出杭州动漫游戏产业的巨大潜力。

（3）艺术创作产业

艺术创作产业将筑强国内艺术教育重地，创建全国创意设计集聚地，培育区域性艺术品交易中心，打响国际文化演艺品牌和构建世界级文化休闲旅游线路。借助于中国美术学院、浙江音乐学院等高等艺术学府创作不同的艺术作品。现艺创小镇已集聚 2000 余家文创类企业，G20 杭州峰会的 Logo、武林广场的 3D 裸眼光影秀、西湖音乐喷泉、世界互联网大会会徽等杰作，均来自艺创小镇。

（4）影视文化产业

影视文化产业将打造世界级影视娱乐内容创意中心，建设之江国际影视产业集聚区，并高起点谋划建设电影学院。以华策影视、咪咕数媒为龙头，联合多家影视企业，打造之江国际影视产业集聚区、高科技影视制作平台、艺术家创意社区，发展影视文化。

3. 之江文化产业带的远景

作为浙江文化建设的重要战略部署，之江文化产业带将为全省文化产业高质量发展开拓广阔的空间。

根据“五年基本建成、八年提升能级、远景繁荣可持续”的建设要求，力争到2022年，之江文化产业带文化产业增加值达到800亿元左右，基本建成全国领先国际知名的数字文化产业基地、影视产业基地、艺创设计产业基地和动漫游戏产业基地，成为推进杭州文化产业实现跨越式发展的主引擎、全省文化产业大发展大繁荣的重要增长带、在全国具有引领示范意义的文化产业发展新高地和样板区。

为产业带建设保驾护航，杭州还出台了系列新政，如每年不少于1亿元的文创投资引导基金，5年间将组建20亿元规模的文化产业引导基金，文创产业融资信贷额实现累计100亿元以上，等等。

值得关注的是，数字文化产业将是规划发展的重中之重，其中有近1/3的文化产业建设项目以发展数字文化为目标，这也突出了杭州文化产业发展中的鲜明特色：运用互联网经济和高新技术产业与文化融合发展的独特优势，建设全国数字内容产业高地。

三、之江文化产业带的江干[①]机遇

积极推动之江文化产业带建设，是加快建设文化浙江、实现“两个高水平”的内在要求，也是杭州加快建设世界名城的有效载体。如何依托“之江文化产业带”提振文化产业实力？江干在打造“国际文化创意中心”目标的引领下，结合自身实际，抢抓发展机遇，创新政策举措，大力推动文创产业发展，致力于实现“量质齐飞”。总结江干文化产业的发展实践，分析江干文化产业的发展机遇，有助于提升江干文化产业层次，打造产业发展高地。

1. 江干文化产业的发展成效

近年来，江干文创一路探索，从无到有、从小到大、从弱到强，已初步形成“点、线、面”相互贯通，“街、园、楼”竞相发展的文创格局，走出了一条独具特色的发展道路。文创产业附加值一直保持 2 位数增长，2017 年增长 15.2%，增幅位居当时 5 个主城区第一。

（1）产业谋划瞄准新蓝海

江干借势借力，抢抓机遇，从“时间、空间、产业、政策”4 个维度谋划产业发展思路和脉络。制订江干文创产业加快提升 3 年行动计划，在时间维度上引导产业增量提质；制订文创产业扶持政策和 14 项实施细则，完善政策保障体系；抢抓全省之江文化产业带发展战略契机，开展数字出版、网络文学等行业前端发展领域研究和探索，积极谋划数字文化产业的产业链条组合和空间聚合，将九乔数字出版产业基地列入全省之江文化产业带规划“五极”之一。

---

① 此部分的“江干”是指 2021 年 3 月调整杭州市部分行政区划前的江干区。

（2）产业引育取得新成效

强化产业招引，突出精准招商，引驻云丰文旅、元成设计、市文化会展、飞鱼设计等20余家重点企业，德国设计委员会标志性设计奖大中华区运营中心、两岸文创IP协同创新中心相继落地。启动“三年养成计划”，以立体化产业政策推送，加快企业培育成长，产业基础不断夯实。

（3）产业平台寻求新提升

杭创中心、东方电子商务园、智新泽地等产业平台环境得到改造；新禾联创公园、聚落五号创意产业园等平台规模得到扩大；德必易园加快融合，软硬件条件进一步提升；另外，江干主动挖掘平台资源，皋亭山、笕桥历史街区产业氛围日渐浓厚。

（4）产业活动实现新整合

江干成功举办杭州钱塘江文化节。积极促进产业品牌交流，连续举办杭州—台湾“创意对话创意”活动、“江干文创精品国际巡展”等活动，发掘产业机遇；与汉诺威工业设计论坛等国际组织合作举办杭州国际传统工艺创新大会，推动传统文化创新再造，形成传统工艺创新的先发优势。积极推动江干文化走出去，南宫绣入驻美国西雅图奢侈品中心，杭州文化会展有限公司在英国诺丁汉专门设立展示和交流的窗口。

2. 江干文化产业的发展短板

江干积极推动文创企业、平台、项目、活动等全要素持续稳定提升和发展，文创产业呈现跳跃式的发展势头。但与其他区域相比，其短板还比较明显。

（1）龙头企业不够集聚

江干走出了万事利丝绸、平治信息、飞鱼设计、蒸汽工场、哲信信息、蜂巢戏剧等一批领军企业，但有代表性和号召力的航母级企业和龙头企业不多，文化产业整体规模水平、经济效益和综合竞争力均欠缺。

（2）高端人才不够集聚

文创产业有赖于具有国际视野和创新力的领军人才，虽然这些年江干积极筑巢引凤，吸引了孟京辉、黄朝亮、林荣国、吴卿等一批名人名家，知名漫画家设计师十九番（魏晨耕）等相继加盟。但文创产业重大示范带动作用的领军人物和高端专业化人才数量还不够多。

（3）规模效应不够突出

江干现已有5000余家文创企业，其中，飞鱼设计、巨星科技被评为国家级工业设计中心，万事利文化、蒸汽工场的项目入选2017年度中央文化产业发展专项资金重大扶持项目；但由于文创行业细分门类多，分摊到每个门类的企业数量并不多，行业规模效应难以显现，知名度和影响力还不够。

四、之江文化产业带的江干[①]路径

作为杭州拥江发展的桥头堡、主战场，江干率先扛起钱塘江文化建设大旗。江干历史文脉深厚、文化形态多样，需充分挖掘地域特色文化资源和文化标识印记，做深内涵，彰显文化产业品质。江干迫切需要抢抓机遇，乘势而上，全力推进之江文化产业带江干极的建设。

---

① 此部分的“江干”是指2021年3月调整杭州市部分行政区划前的江干区。

1. 之江文化产业带的江干思路

（1）以优势产业来引领

原来江干将“文化、策划、设计、软件”定为文创四大重点产业领域。近年来，江干在创意设计、文化艺术、会展策划和数字内容等产业上取得了先发优势，可不断扩大产业规模，提升产业层次，以优势产业为依托，着力打造行业闻名的产业发展高地。

（2）以融合理念来推进

江干可在更广范围、更深程度、更高层次上推进文化产业与实体经济融合发展。一是突出“互联网 +”，加快培育文化新业态，拓展产业发展新空间；二是突出“文化 +”，加快文化与金融的融合，探索金融支持文化产业发展的有效渠道和形式，吸引更多的金融资本投向文化领域；三是突出“设计 +”，加快文化与创意设计的融合，推动文化创意设计融入装备制造业、消费品工业、旅游业、农业等相关产业，开发更多生活化、创意化的产品，实现文化向生活的渗透融合。

（3）用合作平台来助推

江干可借助两岸文创产业合作平台、九乔数字出版产业平台，助推之江文化产业带的发展，同时，围绕国家“一带一路”倡议，以文化“走出去”和“引进来”相结合的方式，大力开展对外文化交流合作，积极地拓展国际文化市场，全面提升对外文化贸易的质量和能级，使江干成为杭州东方文化国际交流的重要窗口。

2. 之江文化产业带的江干方向

江干有待以“大企引领，专注细分”的方式，确立文化产业的发展方向。

（1）重点打造四大设计品牌

近年来，江干云集了一大批领军型设计企业，形成了以“工业设计、空间设计、时尚设计”为主的三大设计品牌，行行都在全市占据龙头地位。建议江干文化产业紧紧抓住设计这一主线，重点打造工业设计、空间设计、时尚设计、传播策划四大设计品牌。

工业设计。江干优势：在经济新常态时期，唯有不断地对传统产业进行改造升级，才能赢得市场竞争的主动权，实现质量和效益的最大化。文化是根，以文化推动产业结构优化升级，是江干实现“制造—创造—智造”跨越转变的关键。比如工业设计，落户江干的市级工业设计中心就有 3 家，巨星科技、飞鱼设计被评为国家级工业设计中心。经过多年磨砺的飞鱼设计，其作品荣获 200 多项国内外各大设计奖项，比如有设计界“奥斯卡”之称的德国红点设计奖（Reddot）、iF 设计大奖、美国 IDEA 奖（美国工业设计优秀奖）等。发展方向：江干可以以国家级工业设计中心为龙头，创建工业设计集聚地，并积极与传统产业对接，成为“之江文化产业带”传统产品升级的设计输出中心。

空间设计。江干优势：江干拥有全市唯一的建筑设计集聚平台——1737 建筑设计聚落，其中，聚落五号创意产业园被评为浙江省重点文化产业园区。江干有各类园林绿化、花卉企业 135 家，园林设计行业更有“中国园林看江干”之说，园林设计行业的佼佼者“森禾花卉”更荣膺全国十佳花木企业第一名。与此同时，江干花卉产业发展也愈加呈现总部化、大众化、生活化和多元化四大特色。全区从事花卉生产的花农企业主达 80 余人，花卉种植总面积达 5 万余亩，全区累计外拓基地 33 万亩，年产花卉 1 亿盆以上，总产值 80 亿元，是浙江主要的花坛花卉生产地；花卉产业由最初的花卉种植扩展到花卉服务业，电子商务、花卉租摆、花卉销售、绿化养护、园林工程等产业也走在全省前列。江干已连续举办多届都市花卉节，展销包括鲜切花、盆栽植物、食用和药用花卉等近千种精品花卉，现场还有花艺美学集市，全面展示江干花卉业与智慧科技、文创艺术、旅游休闲、居民生活等产业融合发展的成果。都市花卉节已累计吸引参观者100余万人，节庆期间销售总额达400余万元。花卉产业已成为推动江干农业增效、农民增收、农村发展的重要途径。发展方向：江干可以出台促进建筑设计行业发展的鼓励政策，如政府出资让技术人员到法国、日本研修，鼓励建筑设计集聚“走出去”，抢占市场，使建筑设计成为“之江文化产业带”的新名片。园林绿化、花卉被誉为“美丽产业”，建议扩大花卉节的规模，增加国际花卉展示和花车巡游、花卉摄影展、插花艺术表演、花卉学交流等一系列大型活动，展示江干园林园艺发展新水平，搭建园艺花卉科普平台，邀请园艺专家开展家庭养花知识讲座，现场教授插花、盆景制作技艺，制作家庭园艺科普展板，提高江干花卉节的影响力。

时尚设计。江干优势：时尚产业具有高创意、高市场掌控能力、高附加值的特征，是引领消费流行趋势的新型产业业态，正成为世界产业发展的重要趋势之一。发展时尚产业，是顺应世界产业发展的趋势、加快杭州传统服装产业升级、培育新经济增长点的重要举措，也是杭州展现独特韵味的客观要求。

时尚产业具有十分丰富的文化艺术内涵和鲜明的时代特征，在社会经济各个层面形成一张涵盖面极其广泛的产业网，各种产业元素之间相互影响、彼此作用，形成环环相扣的纽带，只要与时尚元素结合，就能产生不可估量的经济效益。随着我国居民消费水平的提高，时尚产业蕴含着巨大的市场潜力，面临着难得的发展机遇。时尚产业的发达程度体现了一个城市在文化、科技、创意设计等方面的软实力，并在一定程度上代表着城市产业的国际竞争力。时尚自古就有，但在中国作为一个产业，始于 20 世纪 80 年代，国内时尚产业总体上还处于起步阶段。江干自古就以“蚕丝织绣技艺”闻名于世，在时尚设计领域，江干的服装设计有先发优势，中国服装设计师原创基地就落户在江干。特别是万事利丝绸深挖中国传统丝绸文化，将丝绸作为文化、时尚、健康的载体，完成由“产品制造”到“文化创造”的突破，从而成为 G20 杭州峰会、“一带一路”国际合作高峰论坛等国际级外交盛会的丝绸纪念品设计生产企业。发展方向：构建钱塘时尚创意长廊。江干有着发展时尚产业得天独厚的条件，也是国内发展时尚产业最有基础、最有条件、最有优势、最有潜力的区域之一。建议通过举办系列国际博览会、国际模特大赛，营造时尚之都的氛围。万事利丝绸是当下时尚的金字招牌，一是充分利用万事利丝绸文化创意产品展示中心和万事利丝绸文化博物馆，宣传具有时代特色的时尚丝绸产品。二是充分利用杭州东站、虹桥火车站便捷的交通优势，联动虹桥、江干两地人才进行文化交流，进一步推进与上海虹桥商务区的对接，推进四季青服装市场与上海市场的对接。通过实施补助政策，鼓励和刺激年轻的创意设计团队将时尚设计、视觉设计与传统服装产业相结合，更好地服务四季青服装市场的升级，积极地打造时尚产业中心。

传播策划。江干优势：随着杭州“城市东扩”“决战东部”“拥江发展”等战略的实施，特别是 G20 杭州峰会的召开，江干实现了从城乡接合部向大都市中心区的华丽蝶变，已成为杭州名副其实的经济、行政枢纽和文化新中心。如何实现城市国际化，如何让钱塘江文化走向世界？文化传播是基本手段，传播策划就显得格外重要。江干的传播策划能力正在崛起。设计界翘楚东道（品牌）曾经服务 2014 年 APEC 峰会、2016 年 G20 杭州峰会、2017 年金砖国家峰会、2019 年北京世界园艺博览会等国家级大型活动；兆艺汇是唯一参与 G20 杭州峰会国宴项目视觉统筹和礼宾用品设计的公司。2017 年，汇聚杭州 206 家会展企业、展馆、高校等会员单位的杭州会议展览业协会也迁入江干。以西博文化、杭州文展、嘉诺会展等为领头的江干企业，更是致力于将杭州打造成国际会展之都的生力军。它们积极地参与诸如上海世界博览会、世界休闲博览会、G20 杭州峰会等高端会议，推出了“不朽的凡·高”等各种展览，还参与运营中国国际茶叶博览会、杭州文化创意产业博览会等品牌会展项目的文化传播。发展方向：秉承“服务城市发展、助推城市创新、实现合作共赢”的理念，江干可以通过整合行业机构与民间力量，发现和推选一批创新创意强、成长性好、发展潜力大的传播策划企业、项目和人物，政府重点扶持与资助，同时导入投融资对接服务，推动联动发展，积蓄江干传播新动能，培养江干传播新势力。

（2）重点扶持三大文化平台

两岸文创产业合作平台。近年来，不管在大陆还是台湾，文创产业的发展一直欣欣向荣，双方的合作也不断升温。作为文创产业大省的浙江，占据两岸交流、合作的重要一席，而文创产业最为发达的杭州则充当了排头兵的角色。2013 年 3 月，国务院台湾事务办公室批复命名杭州为“两岸文创产业合作实验区”，并于 12 月 31 日正式揭牌。杭州由此成为目前中国大陆唯一获此称号的城市。

两岸文创产业各具优势。大陆是“世界工厂”，有制造和成本优势，而大陆的文化艺术领域人才众多，在“大众创业、万众创新”的政策鼓励下，设计人才逐渐增多，大陆还是全球最大的消费市场之一，有着广阔的市场容量，所以，大陆在市场、人才、资金方面占有得天独厚的优势。而台湾文化创意产业起步早，注重产品品质观念，知识产权保护比较完善，产业设计和整合能力也比较强，在经营管理上集聚了很多优秀人才，特别在创意与品牌国际化方面拥有丰富的经验，台湾文创人士在故事想象力、创新力、领导力方面都具备较明显的优势，如能与大陆的制造和成本优势、通路优势结合起来，力量不容小觑。

文化其实就是生活方式和认同价值上的一种共识，两岸文化同宗同源，所传承的也正是中华文化最重要的人文精神，这既是动力源泉，也是纽带，更是两岸文化创意产业合作推进的基础，而大陆和台湾在此方面同根同源，两岸的文创产业发展既有合作的先天优势，又有当前发展的相似需求。两岸在经贸上已有非常密切的合作，如果能在文创领域实现优势互补，必将助推文化创意产业的发展，也将影响世界文化。

江干的杭州创意设计中心已经吸引台湾顶级工艺创新设计中心和台湾商业总会两岸文创推动办公室落户，江干可充分利用当下两岸合作的有利条件，发挥地缘优势、商缘优势和文缘优势，用顶层设计指导、引领、推动两岸文创产业合作，制订两岸产业合作、发展规划，借助台湾吴卿金雕、“陶作坊”、黄朝亮工作室等知名文化人士工作室，协同台湾顶级工艺创新设计中心、台湾商业总会“优礼馆”等两岸合作平台，开展多层次交流与合作，坚持取长补短、创意共享、产业共兴，提升“全国两岸文创产业合作实验区”品牌效应，建成全国一流的海峡两岸文创产业交流合作实验园区。

九乔数字出版产业平台。之江文化产业带规划显示，九乔发展极以钱塘智慧城为核心区域，辐射江干，联动杭州经济技术开发区。九乔作为之江文化产业带“一带一核五极多组团”中的重要一极，将以数字出版产业为核心产业，重点发展数字时尚、创意设计、互联网文化等行业，构建在全国具有广泛影响力的数字文化创意产业集群。走“产业联盟＋产业基地＋产业基金＋产业人才”的发展模式，带动内容创作、服务、技术、运营、体验等周边业态集聚，打造以“文化＋科技”“文化＋金融”为特色，具有全国影响力的数字出版产业集聚区。到2022年，九乔发展极力争实现文化产业增加值30亿元以上，总产出150亿元以上。

数字出版产业属于自然资源消耗量小、智力投入要求高、产品附加值极高的新兴行业。数字出版是信息交流的重要载体，是信息传播的关键环节，是社会交往、文化传承的主要工具。杭州具备数字出版产业的发展基础和优势。一是数字出版产业具有信息产业特征。数字出版业与信息产业的内涵存在交集，数字出版业在产业形态和产出形态上具有鲜明的信息产业特征，拥有信息产业所特有的创新性和创造性。二是数字出版业具备文化产业特征。数字出版业与文化产业的核心层存在相当大程度的重叠，数字出版业具有文化产业的基本特征，也承担与文化产业类似的人文责任。三是数字出版业是一种“注意力”产业。数字出版业活动过程中所吸引的受众注意力是数字出版业更大的经济价值所在，数字出版业是一种独特的“注意力”产业。四是数字出版业兼顾社会效益和经济效益。除经济功能之外，数字出版业因其特殊的社会影响力和文化传播力而具备了强大的社会功能，这两种功能具有良好的统一性。

数字出版业分为纸质传媒产业、传统电子传媒产业、新媒体产业和传媒服务业，包含图书、音像制品、报纸、期刊、广播、电视、电影、互联网等大众信息载体，对经济、社会、文化、政治的巨大影响力日益凸显，波及效应及发展潜力均很大。但从产业的关联度来看，现阶段数字出版业对杭州经济整体的影响并不大，还有很大的发展潜力和空间。

江干近年引进了清华长三院杭州分院、浙大 AIF 产研中心、CUSPEA 杭州应用技术研究院等示范性平台，培育嘉楠耘智、贝贝网等 2 家独角兽企业，卓健科技、筑家易、车点点、金柚网、酷家乐、元宝铺、如涵电商等 7 家准独角兽企业，形成“一核两翼三镇四区”的数字产业布局，能为九乔数字出版产业发展提供技术支撑。

江干需要加强对数字出版业的市场化、核心竞争力、发展战略等核心问题的深入研究，依托钱塘智慧城、杭州创意设计中心等，出台江干数字出版业的顶层规划发展方案，培育数字出版全产业链，加快数字出版业品牌、文化核心的提升，推进国家数字出版基地建设，建成国家级数字出版基地和全国数字阅读中心，打造数字传媒全国高地，使九乔成为国内知名的数字产业出版集聚区。

城市国际文化消费平台。有人说，文化消费是更高层次的消费。从“三面云山一面城”到“一江春水穿城过”，钱塘江已成为杭州从“西湖时代”迈向“钱塘江时代”的主轴线。而钱塘江畔的江干，则成了拥江发展的主战场、主阵地。新兴产业、金融资本、国际人才，源源不断地流入这里，江干也将成为城市国际文化消费主平台。

事实上，越来越多的江干文创企业已经在烹制着一道又一道文化盛宴。如作为钱江新城第一座拔地而起的大型地标性建筑，杭州大剧院不仅仅是一座建筑，更像是一扇通往国际文化的大门。近年来，杭州大剧院为杭州老百姓带来了许许多多的精彩剧目与演出：美国百老汇原版音乐剧《猫》《音乐之声》《修女也疯狂》，美国费城交响乐团访华 40 周年纪念音乐会，马友友“丝绸之路”音乐会……让杭州人看到了更精彩的世界，享受着更丰富的文化生活。杭州钱塘江文化节，已经成为钱塘江流域最大的综合性文化节庆活动，“行吟钱塘”2018 杭州诗会既诵出了“钱塘自古繁华”的盛景，也诵出了“弄潮儿向涛头立”的豪情。著名话剧导演孟京辉带着团队落户江干，精心打造了蜂巢专属剧场，为打造江干国际文化演艺品牌奠定了基础。

江干需要通过时尚设计展、工艺周等方式，构筑起中外文化交流的平台，如匠兴钱塘·2018杭州国际工艺周展示了中外时尚品牌和艺术作品；江干需要培育区域性艺术品交易中心，建设沿钱塘江民间艺术馆群，打造城市国际文化消费平台，引领杭州都市文化消费。

随着拥江发展战略的深入推进，钱塘江世界级自然和人文生态魅力进一步彰显，世界级滨水区域的战略定位也将全面实现。近日，杭州市政协公开了《借鉴国际经验，彰显杭州特色，大力推进钱塘江两岸世界级滨水空间建设》提案，认为国际性大都市都高度重视滨水空间的打造，让滨水空间成为市民、游客的公共客厅和贯穿城市的生态廊道，逐步成为承载城市核心功能的空间载体。现杭州滨水产业尚未形成，需深挖人文资源，彰显东方特色。江干需要积极抢抓机遇，整合古海塘文化，主导构建滨水空间和世界级文化休闲旅游线路，打造以钱塘江—富春江水上旅游线路为轴线，串联千岛湖景区、富春江景区、西湖景区、西溪景区、湘湖旅游度假区、之江旅游度假区的世界级文化休闲旅游线路。

（3）激发平台运营商的活力

江干文化产业的发展成效归结于基层政府的创新，即引入第三方管理机构。如闸弄口街道在启动旧厂房、仓库改造试点工程中，整体承租了所有仓库，再根据原产业基础，按照“整体承租、门槛前置、中介运营、政企互动、共享多赢”的思路，精选了杭州安赛投资管理公司运营团队负责文化创意产业园的运作管理，将旧厂房成功打造成为建筑设计文创园。

一个毋庸置疑的事实是，全国由工业遗产改造的文化创意园大多处于简单粗放、模式单一、照搬复制的状态，由于一开始定位不清晰，很多没有发展几年就迅速消亡，工业遗产面临第二次闲置。

江干的这种创新运作模式，让基层政府能从日常的事务性管理工作中解脱出来，有更多的精力专注于文创产业集聚区的发展方向，最为关键的是投资管理公司更为专业，管理思路、眼界和服务意识更能适应新兴文化创意产业的发展，实实在在走“政府引导，市场运作”的产业发展道路。

近年来，江干成功打造了杭州创意设计中心、东溪德必易园、聚落五号创意产业园、新禾联创公园、东方电子商务园等有影响力的文创平台。集聚了包括泰豪动漫广场、1737 建筑设计聚落、新传媒产业大厦、互联网大厦、夏衍影视文化街区、笕桥历史文化街区、采荷茶文化街区、杭州美术馆、中国棋院杭州分院等在内的一大批文创精品要素。江干还有国内顶级的网络互动娱乐运营商之一竞技世界，还有集文创、科创于一体的高端综合体乾华泰豪，还入驻了中国领先的专业致力于文创、科创企业发展的服务商——德必集团，目前已在中国、美国、意大利等国家成功签约 70 个文化创意产业集聚区。成立于 1988 年的泰豪集团，目前已形成以智慧能源、军工装备、数字创意、智慧城市、创业投资业务为主的发展格局，产品与解决方案应用于全球 100 多个国家和地区。江干未来文创产业的发展，需要依托平台运营商。因此，如何挖掘平台运营商的潜力，激发平台运营商的活力，是管理者需要思考的问题。

江干肩负着拥江发展主战场、主阵地的历史责任，需要牢牢把握之江文化产业带建设契机，把发展文创产业作为突破口，不断拓展新蓝海，持续培育新增长点，刚刚破土而出的江干文创“稚嫩幼苗”必将长成枝繁叶茂的参天大树。

城市因文化更精彩，生活因创意更美好，期待之江两岸文化产业带崛起，期待文化产业的腾飞。

西子智慧产业园：产业融合的标杆园区

上城区丁桥镇大农港路 1216 号的西子智慧产业园[①]，区位优势非常明显，同时兼顾了武林新城的门户和丁兰智慧小镇的核心，拥有纵贯南北、连通东西的秋石高架、留石快速路和德胜高架的便捷交通网络。地铁 3 号线开通后，同协路站出口 300 米即可到达。

作为杭州近年来打造“智慧产业集群”的重点项目，西子智慧产业园由中国 500 强民营企业西子联合控股有限公司旗下杭锅集团与政府合作打造，经过数年发展，该产业园目前正在成为杭州产城融合发展的示范园区。

一、西子智慧产业园的依托：丁兰智慧小镇

近年来，杭州市人民政府全面实施“产业发展计划”，以项目为载体，以创新为动力，以企业为主体，全力做好培育新兴产业、提升传统

---

① 西子智慧产业园现属于上城区，在 2021 年 3 月调整杭州市部分行政区划前，属于江干区。

产业、传承经典产业、淘汰落后产能4篇文章，加快实施制造业数字化改造专项行动，实现“双轮驱动”，推进新时代制造业高质量发展。其中，丁兰智慧小镇就是要着力打造的各具特色、功能互补、深入融合的产业功能平台之一。

早在2015年6月3日，丁兰智慧小镇就被列入浙江省首批特色小镇创建名单。青山绿水之间，丁兰街道打开智慧之门，拿出3年创建“一带三园三联动”的发展规划。

“一带”，是一条临丁路沿线的配套服务产业带。

“三园”，则包括了正式开园的西子智慧产业园、智慧企业总部园及科技企业创新园，其中，西子智慧产业园是丁兰智慧小镇“一带三园三联动”布局中的重中之重。

“三联动”，包括城北商业区、皋亭山景区、智慧居住区三大区域。

丁兰智慧小镇坚持“企业主体、政府引导、市场运作”的原则，坚持产业、社区、文化、旅游“四位一体”和生产、生活、生态“三生融合”发展，围绕重点产业发展导向，推动智慧景区、智慧社区、智慧园区、信息服务业、健康服务业、生活服务业、文化旅游业协同发展，着力打造以“龙头产业为主、环境生态为基、创业创新为重、文化景区为衬”的特色小镇。

早在2015年，丁兰智慧小镇已入驻企业357家，财政总收入达7.9亿元。

作为浙江省首批特色小镇、杭州智慧城市建设唯一的街镇级试点，丁兰智慧小镇已形成了“小镇大产业、小镇大景区、小镇大服务”的发展新局面。

二、西子智慧产业园的规划：实施3期建设计划

西子智慧产业园由西子联合控股有限公司旗下杭锅集团与政府全力打造，位于丁兰智慧小镇核心区域，占地面积约 323 亩，预计总投资额 16 亿元，分 3 期打造。作为丁兰智慧小镇新制造业发展的主引擎，园区叠加中科院资本数字经济创新中心和杭锅研发基地资源，形成智能制造、数字智造、新一代信息技术产业集聚，致力于打造全区乃至全市新制造业和数字经济融合发展的标杆园区。

1. 西子智慧产业园一期

早在 2015 年 12 月 26 日，江干区政府、西子・杭锅集团及杭州市生产力促进中心共同打造的西子智慧产业园、雏鹰创业基地就正式开园了。

一期是以杭锅集团总部大楼为中心，打造杭州雏鹰创业基地。创业基地旨在为在杭创业的“雏鹰计划”企业量身打造智慧型创新性载体，为科技型初创企业提供专业化、多元化、一站式、智慧型科技服务。为降低“雏鹰计划”企业创业与经营成本，基地为入驻企业提供了包括房租补贴、装修补贴等在内的一系列扶持政策。

从 2015 年 10 月开始，首批“雏鹰计划”企业陆续入驻，业态以生物科技、智能制造、信息服务为主。到 2015 年 12 月，首期雏鹰创业基地已完成全部入驻，面积为 8000 余平方米，入驻企业员工 270 余人。杭州安誉生物科技有限公司（AGS）就是“雏鹰计划”企业中的佼佼者。安誉生物主要生产分子诊断及基因测序等检测仪器，用于血液中心、疾控中心及医疗机构。与传统检测方法相比，它自主研发的产品能够有效地检测处于窗口期的病毒感染，显著提高仪器的检测灵敏度。其中有一

款产品——魔方系列实时荧光定量 PCR 仪的技术更是处于国际领先地位，填补了国内空白。这也是全球检可测样本量最多的一款产品，特别是它的 3 个独立进样系统，样本可以同时或独立进行加载、运行、分析。尤其是在检测乙肝、丙肝、艾滋病等传染病，以及肿瘤基因的检测和预测方面，既快速又准确。此外，该产品还可用于禽流感、口蹄疫、手足口病、寄生虫等的检测，以及食品安全方面食源微生物、食品过敏原、转基因等检测。

西子智慧产业园、雏鹰创业基地的启动，对带动全区乃至全市的发展具有十分重要的意义。从产业培育来看，西子智慧产业园一期的启动有力地推动了智慧小镇的招商工作，吸引了更多优质科技型企业入驻小镇，不断夯实行政区的新兴产业基础；从产城融合来看，作为一个高端的产业综合体，西子智慧产业园通过为入驻企业、员工提供综合性的配套服务，成为行政区乃至杭州产城融合发展的示范园区；从区域发展来看，西子智慧产业园的快速发展有力地推动了丁兰智慧小镇的整体建设进程，与钱塘智慧城形成呼应，共同构成杭州城东产业转型升级的增长极。

2. 西子智慧产业园二期

2016 年 7 月 22 日，江干区委、区政府在丁兰街道杭锅集团内举行江干区扩大有效投资重大项目集中开工暨西子智慧产业园二期开工奠基仪式。二期为存量地块建设项目，由西子联合控股有限公司牵头打造，项目占地约 139 亩，建设以智能研发、智能制造为主的现代化智慧产业园区。杭锅集团总部、浙江西子联合工程有限公司、浙江杭锅能源投资管理有限公司、杭州新世纪能源环保工程股份有限公司、汉蓝环境及杭州安誉生物科技有限公司等 30 余家企业已经入驻。园区定位以高层研发办公、生产楼为主，配套行政服务中心、会议中心、创客中心。

2020 年 6 月 8 日，西子智慧产业园二期开园。作为杭州 2020 年重点工程项目之一，西子智慧产业园的一举一动都备受关注。开园仪式上，23 个小镇重点产业项目集体亮相，既有世界 500 强企业沃尔玛山姆会员店，也有精密机床领域排名世界第七、中国第一的高端精密制造项目博鲁斯潘精密机床研发总部项目，以及中科信息、中科曙光、上海凡拓数字、深圳超智慧等一批涵盖节能环保、生物医药、高端装备、新能源等六大科创领域的头部项目，对杭州深入实施数字经济“一号工程”，全面推进数字产业化、产业数字化和城市数字化协同融合发展具有重要意义。

表 6–2　西子智慧产业园重点产业项目

序号	项目名称	项目介绍
1	沃尔玛山姆会员店	该项目是世界 500 强企业沃尔玛在杭设立的独立子公司，山姆会员店是沃尔玛旗下的高端仓储式会员制商店，是全球最大的会员制连锁店之一，在国际市场上，已成为全球最有影响力的零售商之一
2	北京博鲁斯潘精密制造研发基地	该项目是由北京博鲁斯潘精密机床有限公司计划打造的高端精密制造研发基地和云平台数据库。博鲁斯潘让中国成为继美、英、德、瑞、法、日之后，第七个拥有重载高效精密、超精密稳态制造技术的国家
3	中科信息项目	中科院成都信息技术股份有限公司由创立于 1958 年的中国科学院成都计算机应用研究所整体转制而来，是中科院直接控股的高科技上市公司。公司主营业务是以高速机器视觉、智能分析技术为核心，为烟草、油气、特种印刷等行业提供信息化整体解决方案、智能化工程和相关产品与技术服务

续表

序号	项目名称	项目介绍
4	中科曙光项目	曙光信息产业股份有限公司是中国信息产业领军企业，为中国及全球用户提供创新、高效、可靠的 IT 产品、解决方案及服务。公司在中国科学院的大力推动下组建，于 2014 年在上海证券交易所上市
5	国科元项目	该项目在中国科学院新的办院方针和国科控股的联动创新指导下，中科院软件中心有限公司在科技管理、科技服务、科技创新服务、知识服务领域前期的市场、技术、团队与客户积累的基础上组建。公司秉承联合创新、联合创造、联合创业的理念，通过“产业驱动 + 资本助力 + 数据智能”，用动态流数据诊断区域产业发展状况，打造创新驱动的新范式
6	新湃传媒项目	该项目以“孵化头部 IP，联通产业全生态”为愿景，打造头部精品内容，致力于成为泛娱乐新兴产业全生态、平台型的独角兽，现拥有国内最专业的“网生代”IP 开发团队，与腾讯和优酷联合打造多部新生代巨制，曾开发《仙剑情缘 3》《封神榜》等多款爆款游戏
7	凡拓数字创意项目	广州凡拓数字创意科技股份有限公司创始于 2002 年，作为数字多媒体展示的领先企业，凡拓创意是华南最大的数字创意展示工程、3D 及特种影片、多媒体展项应用集大成者，业务延伸至多媒体展馆、三维动画、立体影像、互动媒体应用、虚拟现实等方面，为政府、企业、房地产提供一站式服务
8	海归一号项目	该项目依托庞大的海外高层次人才优势，借助国家大力引进海外高层次人才的优惠政策措施，促成海归优秀人才落地创新、项目转化和创业发展

3. 西子智慧产业园三期

西子智慧产业园三期将开发存量用地，并改造现有建筑，建设高层办公、独栋办公、商业配套、会议中心、创客中心等形态的产业园区。西子智慧产业园洞察企业的需求，整层办公面积 800—2400 平方米，独栋办公面积 4000—18000 平方米，可满足企业的不同需求。部分楼栋一楼大堂的挑高空间高达 4.8—8 米，大大地提升了办公意境。杭锅集团相关负责人说，园区内设有专业运动健身场馆、近 600 平方米的音乐厅、近 4000 平方米的会议中心、逾 1 万平方米的白领公寓、5 万余平方米的商业街区及 24 小时便利店等商务及生活配套。配备约 1600 个办公地下停车位、约 200 个办公地面公共停车位、约 1200 个商业街区停车位，均配套有完善的停车场管理系统。西子智慧产业园将聚焦智能制造、节能环保、数字产业及金融服务等行业，成为一个集工作、生活、休闲于一体的智慧型综合产业园。

小微企业是浙江经济社会发展的特色优势，西子智慧产业园还将吸引小微企业集聚创新，为入驻企业提供精准服务，帮助小微企业逐渐发展壮大，构建良好的生态系统，努力打造高品质小微企业园。

西子智慧产业园资产由上市公司 100% 持有，公司与上海星月资产管理有限公司合资成立轻资产运营平台杭州西子星月产业园经营管理有限公司，作为西子智慧产业园的运营主体。

为了更好地实现产业园区的专业化、整体化管理，西子智慧产业园委托高力国际为西子智慧产业园项目提供全权资产管理服务。高力国际围绕西子智慧产业园“大坪面、多业态、总部经济与商务办公多业户需求、超大型综合体”的基本特性定位，为其逐一梳理管理思路，划分管理界面，量身定制一套完整的服务方案和管理团队。与此同时，高力国际高层也承诺，杭州作为我国产业发展的科技之城，高力国际承担着引领智慧城市发展的使命。

三、西子智慧产业园的引擎：数字经济创新中心

中科院资本数字经济创新中心由原江干区政府与中科院资本管理有限公司联合设立。以“人工智能与制造业深度融合”为主线，以全周期科技服务和金融资本为依托，发挥中国科学院“创新链、资本链、产业链”3链联动优势，全力支持关键技术创新，培育产业链隐形冠军，集聚行业领军企业，打造高水平产业集群和院地合作标杆，树立科技面向国民经济主战场、科技服务地方经济转型升级的典范。

西子智慧产业园作为创新型平台，联合中国科学院强大的数字经济技术背景，未来将引入国际前沿技术和项目实验室，打造成集研发中心、加速中心、交流中心、展示中心于一体的创新创业高端平台，实现中科院资本数字经济创新中心和杭锅研发基地双引擎发力。“有了中科院资本数字经济创新中心的加持，行政区在科技创新和产业资源的开拓上将迈上新的台阶，有效地提高丁兰辖区产业资源的整合，更加合理地配置市场资源，发挥产业资源的整体效能，提升资源的利用率。”丁兰街道党工委副书记、办事处主任徐振玮表示，“作为小镇新制造业发展的主引擎，园区叠加中科院资本数字经济创新中心和杭锅研发基地资源，形成智能制造、数字智造、新一代信息技术产业集聚，致力于打造全区乃至全市新制造业和数字经济融合发展的标杆园区，为杭州全力打造‘全国数字经济第一城’增添了新的增长极。”

正如徐振玮所言，“一中心一园区”的启动运营，能有效地提高丁兰辖区产业资源的整合，更加合理地配置市场资源，发挥产业资源的整体效能，提升资源的利用率。有效夯实辖区产业基础，推动产业高端化发展，促进产业功能互补、产业错位布局和产业特色化发展。

融合是文化产业快速发展的强劲推力[1]

党的十七届六中全会决议提出了建设“文化强国”的目标，并把文化产业作为建设文化强国的重要途径之一。杭州市委十届十二次全会制定的《关于认真贯彻党的十七届六中全会精神深入推进文化名城文化强市建设的若干意见》，明确了杭州推进文化名城文化强市建设的目标任务，提出了发展文化产业的具体要求，值得深入研究。

文化产业是经济社会发展到一定阶段的产物，它既有一般物质商品的属性，又有意识形态属性。创新、创意是文化产业发展的核心与灵魂，而融合已成为社会生产力提高和产业创新的象征。文化与旅游、体育、信息、工业、农业、建筑等行业不断融合，不仅能增强文化自身的渗透力、拓展力、竞争力，还能增加产品的附加值，提高产品的竞争力，推进文化产业更快发展。

① 周旭霞:《融合是文化产业快速发展的强劲推力》,《杭州日报》2012年2月20日，第A07版。

一、融合的资源配置效应

融合有利于资源的合理配置和要素质量的提高。融合为企业提供了互相利用技术平台的机会，整合了原来各自利用并不充分的资源，降低了业务扩张的门槛。对于一些传统产业或即将面临淘汰的企业来说，通过文化元素的融入，将原来资产专用性高的资源或已经是沉没成本的资产，重新加以整合，挖掘新的价值，避免了重复建设，实现了资源共享，从而进一步提高了产业的整体经济效益。如拱墅区是杭州历史上的老工业区，云集大型国有工厂，随着城市化的发展及“退二进三”，这些工业厂房已基本完成了其承载的任务，成为杭州近现代工业遗产的廊道。2002 年，杭州兴起一种文化现象——将废弃的旧厂房改造为文化创意的时尚乐园，长征化工厂工业遗址、富义仓遗址、小河直街历史街区、桑庐和石祥滨河边的老厂房均改造成为文化创意产业的发展平台。到 2009 年，拱墅区已拥有 7 个文化创意产业园（LOFT49、A8 艺术公社、乐富·智汇园、唐尚 433、丝联 166、西岸国际艺术区、浙窑陶艺公园），已投入使用面积 7 万平方米，全区文化创意企业 504 家，涉及建筑设计、景观设计、服装设计、艺术摄影棚、广告传媒等多个创意领域；旅游文化创意产业园一期完成建设，并进行招商。一大批影视出版、建筑广告、数码娱乐、环境设计、动画制作、工业设计等文化创意企业逐步兴起，从业人员 15117 人，实现文创产业主营业务收入 58 亿元。

融合为企业提供了扩大规模、扩展业务范围的机会；融合能整合资源，降低企业的生产成本，提高产业经济效益；融合的新参与者不断进入，开辟了新市场，增强了竞争性，完善了新市场结构的塑造，有利于资源的合理配置。

二、融合的组织优化效应

融合不仅促使企业组织之间进行产权结构的重大调整，而且引发了企业组织内部结构的创新，融合对市场行为的影响集中体现在企业的组织调整策略层面上。

融合也是加快企业组织转变的主要动因之一，融合使得不同业务的企业可以在同一运作平台上合作，它们之间可以互补，通过协作发挥出更大的效应。在融合的情况下，企业组织结构开始由纵向一体化逐渐向横向一体化、混合一体化、虚拟一体化转变。从西方经济学角度来看，企业结构重组是组织通过权衡，认为公司内部交易成本大于外部市场交易成本的结果。

融合促使市场结构在企业竞争合作关系的变动中不断趋于合理化。市场结构理论认为，有限的市场容量和各企业追求规模经济的动向结合在一起，就会造成生产的集中和企业数量的减少。融合能够通过建立与实现产业、企业组织之间新的联系而调整竞争范围，促进更大范围内的竞争。

融合之前，属于同一产业的企业群（品牌竞争者、行业竞争者）在产业内部、企业之间处于较强的竞争关系，从产业的严密定义看，超出产业之外的形式竞争者的竞争关系较弱。但是在融合过程中，原先有固定化业务边界与市场边界的产业部门相互交叉与渗透，使产业之间由原先较弱的竞争关系转变为较强的竞争关系。而且在此过程中，还有大量来自其他产业的新参与者，竞争会更加激烈。融合将有利于具有互补技术的企业通过合作，实现资源共享，利用共同开发平台，降低研发成本。融合促使企业内外部组织的网络化，使得企业具备了更加快速的市场反应能力，降低了企业的交易成本，使得企业能更加迅速地组织生产和销售。

此外，融合还促使产业组织创新，现行的产业管制政策由于不同产业间企业竞争合作关系的复杂化而逐渐失去原有的效力，产业组织政策将从严格的市场准入向维护市场经济正常秩序，创造良好的产业发展环境等方面转变。

三、融合的需求拉动效应

人是文化的实践者。在现代社会，随着科学技术的发展，大规模的都市化和人口的高度集中，以及精英教育向大众教育的转变，孕育了庞大的文化消费市场和消费群体。文化消费水平的提升也对产业结构产生了导向作用，文化产业应运而生，并呈现迅猛发展之势，在产业结构中占据越来越大的比例。

在融合的过程中，不断产生新技术、新产品和新服务，客观上提高了消费者的需求层次，满足了人们收入和生活水平提高后对更高层次消费品的需求。萨伊定律认为，在一种完全自由的市场经济中，由于供给会创造自己的需求，产品最终需求会随着文化的融合而不断地得到提升。如全球最大影视实景拍摄基地东阳横店影视城，成立之初就认准“影视带动旅游”的融合思路。在把影视产业链做足、做透的同时，独特的体验式影视旅游也吸引了每年690多万人次的游客，2010年，为横店带来35亿元旅游总收入，在浙江的国家5A级旅游景区中仅次于西湖景区。

同时，融合促进了更多参与者进入和开辟市场，增强了市场的竞争性，市场结构也得到重新塑造。产业链的延伸和产业间的整合，会相应地降低企业的成本（包括规模化生产成本、企业组织治理成本和交易成本），因而大批企业极大地提高了其价值，这最终会通过收入的增长和价格的下降促进消费。

总之，文化特有的渗透性和黏连性，与其他产业相互融合，能够打破传统产业结构的消费方式，改变传统产业的生产与服务方式，促使其产品与服务结构升级，而产品与服务的不断更新换代转而又拉动了需求结构的升级，有助于消费的提升和市场新天地的开辟。

四、融合的产业升级效应

融合能够促进传统产业向现代产业转化，低端价值产业向高端价值产业提升，资源消耗型产业向知识密集型产业转化，并依托现有的优势向创造新优势转化。在森林覆盖率达 80.4% 的丽水云和，木制玩具业是其传统产业、优势产业和支柱产业。以往云和木制玩具多靠贴牌生产，赚一点“木头钱”“辛苦钱”，近年来，众多云和的木制玩具企业家充分挖掘木制玩具的文化内涵，开始尝试探索新的发展模式，致力于打造木制玩具文化产业链，并最终选择了与动漫产业“联姻”。浙江金尔泰玩具有限公司把目光瞄准热播的动画《三国演义》，给每套游戏玩具都设计出一个传说故事，开发了“华容道”“九连环”“孔明锁”等一系列智力玩具，畅销国内市场。普通的“华容道”木制玩具，成本 40 多元，市场售价在 70 元上下，但金尔泰产品卖价是 180 多元。木制玩具嫁接中国传统文化，丰富产业的文化内涵，其价值也得到了提升。云和玩具企业还先后和中央电视台少儿频道、杭州国家动画产业基地、上海美术电影制片厂等合作，瞄准动漫衍生产品，占据动漫产业链中重要一环。

木玩产业与文化产业的融合，使云和木制玩具实现了从“卖劳力”向“卖产品”直至“卖生活方式、卖文化创意”的转型升级。2011 年前三季度，在云和木制玩具销售额中，凸显文化元素的新产品销售额占 11.63%。

融合促进了传统产业创新，进而推进产业结构优化与产业发展。由于产业融合容易发生在高技术产业与其他产业之间，如信息产业与传统产业的融合发展，信息技术、网络技术、数字技术等相继融入传统产业部门，深刻地改变了传统的产业属性，一些传统产业部门向信息、知识和技术密集型部门转变，造成低级、传统产业市场的需求逐渐萎缩，在整个产业结构中的地位和作用不断下降。融合使得产业之间的边界模糊化，与原来单一的产业价值链相比，融合型产业具有较高的附加价值与更大的利润空间，而更多市场份额、稀缺资源、雄厚资本的获得，为产业的技术研发活动提供了有利的物质条件和市场，产业竞争力自然就会逐渐提高。产业竞争力的增强使相关企业群获得较大的发展空间，产业技术研发能力的不断提高转而又能积极地推动技术融合的发展，从而为产业融合提供内在驱动力。

因此，产业融合发展过程具有正向动态循环性。经过产业融合和产业创新的共同推动，一个地区乃至一个国家的产业结构得到优化和升级。

五、融合的人才提升效应

人是经济活动中最为核心、最具能动性的要素，无论是投入还是产出，文化都是从精神的角度“生产”和“再生产”人。人是文化产品的消费“终端”，所以一切文化生产都不能忽视“人”的因素，文化产业是直接以人为本的经济；文化的生产者是人，人的素质将从根本上决定文化生产的特点、数量和质量，人的价值取向将决定文化发展的方向，人的创造能力是文化发展的不竭动力。

在科学技术迅猛发展的时代，融合对人才提出了越来越高的要求，使得企业市场扩大，业务增多，带来了更多的就业岗位。融合需要一大批复合型高级人才，人力资本投资是一个具有良好市场前景的高级人才生产过程，可以带动劳动生产率的提高；人力资本“消费”作为一种经济运行的最终拉动力量，在现代经济条件下能极大地带动生产增长。融合的实践就给市场发出了一个信号：需要复合型人才。这种信号一方面有助于人才不断进行自我提升；另一方面，给专门培养人才的教育、培训机构指明了方向。企业相应地建立起再教育培训机制，可以逐步地改变员工对传统科技知识的惯性，培养员工掌握更多更新的复合性知识和技能；各类科研院所实行融合型的研究机制和跨学科的专业设置，培养出具有复合性知识和创造性思维的人才。融合给社会的各个层面带来了变革，更为深刻和具有长远意义的影响是改变了人们的思维方式，创新了传统观念，使人们从系统的角度融合不同的事物及从事物不同的层面思考和解决问题，大大地提升了思维的系统性并扩展了思维的广度。

产业创意综合体

——余杭[1]家纺、服装产业的空间新载体

家纺、服装是余杭的支柱产业和富民产业，也是杭州传统优势产业的重要组成部分。余杭是时尚杭派女装的重要产地，也是全国沙发布、窗帘布的重要产区，全国 35% 的中高档装饰布均出自余杭，80% 的杭派女装也产自余杭。迄今，余杭家纺服装规上企业近 300 家，占规上企业总量的 1/4，产值超亿元的企业近 60 家，其他服装及相关企业约 1 万家，解决就业超过 25 万人。

余杭的家纺、服装产业有深厚的历史基础，自古就有“好布出余杭”的美誉，特别是其时尚基因可以追溯到远古时期。在具有 5000 多年历史的良渚玉器上，人们发现了当时时尚生活的标志性配饰符号；南宋时期，余杭也是丝绸的重要生产基地。

然而，近年来，余杭家纺、服装产业面临产业层次低、技术水平低、创新能力弱、品牌影响小、布局结构散等瓶颈制约的情况。通过深化供给侧结构性改革，破解传统优势产业的发展难题，从而提升产业价值链，提高产品的附加值，增强传统产业的核心竞争力。2018 年初，

① 此部分“余杭”是指 2021 年 3 月调整杭州市部分行政区划前的余杭区。

余杭迎来了一次重要的机遇，家纺与服装产业创新服务综合体成功列入浙江省首批产业创新服务综合体创建名单，由此，一条全新的改革之路开始铺就。

一、创意综合体的建设基础

创意综合体位于余杭经济开发区内，北至新洲路，南至临平大道（320国道），西至新天路，东至中国品牌布艺城。综合体项目总规划用地面积300余亩，建设规模达到50万平方米，总投资估算约18亿元。

创意综合体以中国品牌布艺城为基础，坚持以“整合资源要素，引领布艺时尚”发展战略为统领，规划建设研发办公、交易消费、展览交流、产业支撑和配套服务五大功能区块，具体包括孵化器、众创空间、大师布艺馆、布艺主题酒店、人才房等多个功能建筑。

中国品牌布艺城是余杭经济开发区家纺产业的重要集聚地和展示窗口，拥有入驻企业186家，其中专项从事工业设计的机构52家。产品涵盖窗帘布艺、沙发布艺、床上用品、静电植绒、花色纱线等，拥有奥坦斯、美布美、布言布语、和心、国达、伊伊布舍等诸多知名品牌。近年来，余杭经济开发区把家纺产业的着力点放在提高产业层次和核心竞争力上，不断地集聚行业优势资源，推动家纺产业向价值链高端跃升，并不断创新发展。

二、创意综合体的建设理念

创意综合体的创建本质上是一个产业集聚、产业互联网化的培育过程，也是配套服务集聚与完善的过程。根据功能布局，创意综合体重点打造九大体系。

表 6–3　创意综合体的九大体系

序号	建设体系	建设内容
1	创意设计体系	与中国美术学院、浙江理工大学、欧洲设计学院等建立战略合作，共同打造世界一流的时尚创意设计中心
2	技术创新体系	依托阿里云、中国联通、华为的技术优势，构建家纺、服装柔性供应链云平台。积极运用新技术、新模式，以订单交易为驱动，实现设计、制造、销售全链条“互联网 +”
3	协同创新体系	真北集团、华鼎集团等龙头企业与纽约视觉艺术学院、巴黎高级时装学院等国际知名院校交流互动，构筑政产学研用协同创新体系
4	公共服务体系	以浙江省家纺布艺产品质量检验中心为基础，加快建设集研发设计、检验检测、品牌培育等功能于一体的一站式产业创新公共服务平台
5	科技成果交易市场体系	以综合体创建为契机，全力推进浙江网上技术市场余杭科技大市场建设，补齐科技创新短板
6	创新创业孵化体系	依托两大核心区，建设共享工厂、“设界”联合空间、数码印花众创园等创新与创业相结合、线上与线下相结合、孵化与投资相结合的孵化载体
7	知识产权保护体系	进一步建立、健全“专利、版权、商标、商业秘密”四位一体的综合保护管理机制，着力引培一批“国字号”品牌，升级一批区域名牌，创建一批设计师品牌
8	科技金融服务体系	充分发挥总规模 5 亿元的余杭时尚产业基金的撬动作用，吸引一批知名风投机构，为创新创业团队导入资本、人才、技术和管理
9	产业创新生态体系	加快建设家纺服装全产业链协同发展的产业创新网络，培育引领全国时尚潮流的家纺、服装创新型产业集群

三、创意综合体粗具成效

1. 模式创新，互联网平台初具规模

互联网是未来产业集聚和带动产业转型升级的重要方式。创意综合体提出了“产业＋互联网＋金融＋服务”的发展思路，互联网平台企业就成了创意综合体招引的重点，目前已引进了布++、快布云、洗窗帘、软装密码、48路家居网等互联网平台企业，特别是布++、快布云发展良好，在业内已具有一定的影响力。

2. 设计引领，提升家纺品牌效应

创意综合体先后联合中国美术学院、浙江理工大学、杭州师范大学、浙江工业大学、杭州职业技术学院等院校，在综合体设立设计机构和实践基地。同时，鼓励企业成立设计部门，引进专业设计人才。目前，综合体已引入品牌企业和设计机构190余家，原创设计企业81家，各类设计师374人。2018年，服务企业470多家，服务收入2250万元，设计成果转化产值6.93亿元。在深圳、上海的家纺展中，艾可、奥坦斯、美布美、中亚等品牌的展厅已成为人气最旺的展厅，充分展示了余杭家纺的品牌效应。

3. 科技驱动，加快产学研体系建设

改善家纺面料的功能性是提升家纺布艺产业附加值和形成差异化的重要方式。创意综合体积极地推动家纺新材料共享实验室的建设，引进一位海归博士进行运营和管理，推进负氧离子材料在家纺布艺行业里的应用。后续将依托该实验室，引进院士工作站、高校研究所等。同时创意综合体还与浙江理工大学合作共建了家纺设计联合研究中心，引进了浙江省家纺服装工程技术研究分中心和余杭家纺省级区域科技创新服务分中心。

4. 以展促销，企业带动效果明显

创意综合体以展促销，坚持将日常展示与定期展会相结合，以此培育余杭家纺品牌，提升知名度。2018 年春秋两季展会，共接待消费者约 5 万人，网络直播浏览 10 万人次，实际交易额达 5 亿元。展会效应逐渐显现，一批中小企业随之发展壮大，如美布美、依依布舍、布言布语、雕刻空间等已成为销售产值过亿元的业内知名企业。

5. 服务为本，增强企业集聚效应

创意综合体不仅提供了设计、科技研发、展会、互联网平台等服务，还联合浙江省家纺布艺产品质量检验中心、质量服务综合站，并依托杭州市中小企业服务联盟，为企业提供品牌管理、管理咨询、法务、培训等服务，2018 年开展企业服务活动 48 场，服务企业 3420 家次。未来还将谋划建设家纺博物馆、DIY 体验中心、工业旅游服务中心等配套服务设施。

彭埠枢纽商务区

杭州的交通枢纽在哪里？老一辈人可能会认为是武林门。

事实上，杭州的交通枢纽是当下的上城区彭埠街道。

彭埠最早是古海塘边的一个船埠头，相传宋代有彭姓在此捍塘建埠定居，彭埠之名由此得来。

在以水运交通为主的年代，彭埠在钱塘江畔有多个渡口码头，曾经商贾云集，一时间还衍生了七堡老街、彭埠老街，饭店、酒家比比皆是，是一个不折不扣的“活水码头”。

如今的彭埠，更是坐拥沪杭甬高速彭埠入城口、德胜入城口、杭州火车东站、杭州汽车东站、彭埠大桥、三堡码头、京杭大运河，德胜路、艮山路 2 条城市快速公路，还有地铁 1 号线、4 号线、6 号线、8 号线、9 号线、机场快线贯穿其中，形成一个拥有高铁、船运、高速、地铁、轻轨等的重要交通枢纽。

尤其是杭州东站，它是亚洲最大的交通枢纽之一，车场规模达 15 台 30 线，最高日换乘客流量突破 100 万人次，年客流量位列全国第三。

如何将城市交通枢纽的“地利”变成经济发展的“红利”？彭埠街道自 2008 年启动城市化推进以来，已经累计完成 14 个村社整体征收。

截至 2019 年底，商务区规划范围内共建成项目 19 个，总建筑面积达 171.9 万平方米。

2020 年以来，彭埠街道为应对新冠肺炎疫情带来的经济下行风险，落实杭州以“六新”为重点发展领域的要求，积极地培育新消费，打造杭州（彭埠）枢纽商务区。

杭州（彭埠）枢纽商务区规划面积达 5.6 平方千米，比钱江新城核心区还要大。其范围为：东至同协南路、沪杭高速，南至严家弄路、昙花庵路，西至秋涛北路，北至天城路。

枢纽商务区以总部经济、数字贸易、数字创意产业链生态为主导，集高端商务、精品商贸、休闲商业、酒店会展、文化旅游等功能于一体，以“高铁 TOD 综合开发龙头示范项目”为牵引，未来要高标准、高起点、高规格打造“国内一流枢纽经济示范区”，建成体现高品质、国际化、城际化、通勤化并融合生活内容的城市门户和综合性城市新中心。

枢纽商务区总体布局成“一心一轴三板块”。

“一心”是指以杭州东站为中心，沿主轴线向东西两侧扩展。

“一轴”的东段是“杭州东站东广场—和兴路—白石会展中心”，西段为“杭州东站西广场—运河湾—夏衍影视特色街区”，连成一条最具活力的商业中心线。

“三板块”则分别是中央数字创新板块、运河文创活力板块和国际品质生活板块，未来将打造成为 TOD 经济示范区和总部经济集聚区、高铁经济标杆区和新制造业创新区，以及配备功能完善的公共服务设施的枢纽生活样板区。

彭埠街道还亮出了时间表：2022 年底，枢纽商务区将建成一个“国内一流枢纽经济示范区”。这也意味着未来彭埠街道不仅拥有交通上无可比拟的优势，还将是杭州国际消费中心的重要展示窗口。

Eshow斜杠广场

“Eshow 斜杠广场”位于杭州上城区钱塘智慧城，是杭州最大的直播生态基地之一，创办者是杭州衣秀信息技术有限公司。

四季青服装市场有着“中国服装第一街”的美称，是华东地区服装批发中心和重要集散地，也是杭州服装业闪光的“金名片”。2003 年，随着电子商务逐渐兴起，人们的消费习惯逐渐转变，在网络冲击下，传统服装市场受到冲击。四季青服装市场开始进行电商平台的建设，中外服装网、四季青服装网、四季青卖家摩街 App、四季青买家分销版等电商平台陆续推出，一批电商服务企业应运而生。

杭州衣秀信息技术有限公司（以下简称“衣秀”）具有敏锐的市场嗅觉，积极地抢占市场先机，从 2007 年创立的那一刻开始，一直专注于为品牌服装企业等提供优质的一站式电子商务服务解决方案，包括电商运营、营销策划、视觉设计、人才培训等，先后成为罗蒙、海澜之家、茜雅朵朵、七匹狼、袋鼠、唐狮、贵人鸟、爱居兔等服装品牌进军电子商务市场的代理运营商。这些年，衣秀在激流涤荡的市场中学会了逆水扬帆，砥砺前行，凭借多年的实战经验，已成为各大服装品牌在电子商务领域内的一股强劲的攻坚力量，在服装代理品牌的电商运营中发挥着重要作用。

近年来，作为移动支付之城的杭州，电子商务发展更加迅猛。衣秀在电子商务的变革浪潮里，不忘初心，精进服务，蜕变成蝶，用更加多元化的视角，开创电子商务发展的新局面。

2018 年末，衣秀创立了“Eshow 斜杠广场”，即集潮人网拍、“网红”直播、线上线下体验购物等多种消费模式于一体的全新概念新零售广场。Eshow 斜杠广场面积总计 1 万余平方米，空间规划有共享直播间、共享活动区、演播厅、形象区，另设品牌服装、母婴、食品、美妆等销售区域。

衣秀对服务板块进行了不断的升级优化，现除了已有的品牌服务之外，还增加空间支持服务、“网红”达人支持服务、流量支持服务、直播运营服务、基金支持服务，为更多服装品牌企业的发展提供更多的优质服务与良性互促。同时，衣秀也积极参与扶贫，助推特色农产品销售，如聚焦“三衢味”等本地优质产品，对衢州的优质网货进行集中推介和电商直播。2019 年 2 月，Eshow 斜杠广场被阿里巴巴授权为淘宝直播官方直播基地。

Eshow 斜杠广场以多元化服务为核心导向，融合电商服务、直播服务、空间服务、流量服务等多个服务板块，将多元体验式消费的精髓发挥到极致，为传统服装产业的销售提供新的血脉，也开启了电子商务服务的新赛点、新航线。

第七篇

商业设计

社交电商平台赋能新制造

——基于杭州贝贝集团的探索与实践

从线下到线上时代，以淘宝为代表的 C2C 模式推动了线上零售的一次大爆发，电商在世界各国兴起；伴随数字经济时代的到来，移动互联网促进了垂直电商的出现，电商迎来了全新变革；2017 年以后，微信等社交媒体崛起，社交电商迎来红利期。同时，随着互联网流量红利逐渐枯竭，线上获客成本逐步攀升，传统电商行业用户数量增速大幅放缓，电商走向新阶段是一种必然趋势。

电商的本质是零售，零售的本质是供应链，电商已不是简单的产品信息化，而是逐渐渗透到供应链、企业组织结构、用户消费习惯等各个方面，以此赋能新制造，实现电商的全面重塑。

在电商最为活跃的杭州，以贝贝集团为代表的新型电商平台，通过社交化的创新模式打开电商流量增长新通道，成为电商新市场的探索者和赋能新制造的开拓者。

一、社交电商的发展趋势与作用

1. 社交电商及发展趋势

社交电商是以个体打造为主，通过微信、QQ 等媒介，联络、连通自己朋友圈中的好友、同学、亲人等，形成圈层经济，以圈住他们的日常消费为基准，再由这些人的圈层打通另一个圈层，以此类推，形成自己的商业闭环。

目前社交电商没有明确的界限，但形成几大分支：一个是以拼多多为首的拼购平台，淘宝和京东也有类似的平台；一个是以云集为代表的平台，采用 399 会员模式；一个是以花生日记为代表的优惠券平台；最后一个是社区团购。这些社交电商平台采用的均是 S2B2C 的商业模式，即用无限大的商品池，通过社交的方式，邀请、推广、带动，完成电商的消费过程。

作为创新的电商模式，社交电商实现了对传统电商的迭代，因而迎来良好的发展机遇。据艾瑞咨询发布的《2019 年中国社交电商行业研究报告》，2018 年中国社交电商行业规模达 6268.5 亿元，同比增长 255.8%。

2. 社交电商的价值作用

社交电商得以高速发展的一个重要原因，是其背后对产业、就业的带动作用。

（1）社交电商的产业影响

社交电商对产业的带动作用十分显著。通过社交人群对商品的分享传播，社交电商一方面为工厂带来更多的订单，另一方面通过了解人群消费习惯，帮助工厂研发、生产更加满足用户需求的商品，促进工厂建立自主品牌；在农业产业升级方面，社交电商能将源头农产品直接送到消费者手中，帮助生产者跳过中间环节，使消费者与生产者双方利益更大化；在品牌产业升级方面，社交电商能够下沉市场用户，有利于品牌贴近消费者的需求，同时促进品牌库存的二次流通。

（2）社交电商的就业价值

社交电商本身具有就业门槛低、创业成本低、形式灵活多样的特点，能够极大地激发创业活力，促进创业，带动就业。社交电商能让更多的人以几乎零门槛的方式加入电子商务活动，参与商业价值的创造与分享。

（3）促进电商精细化运营

其实，很多电商平台、线下门店由于缺乏触达通道和方式，徒有用户信息。社交电商利用移动社交的手段全渠道触达用户，便可真正地实现“线上 + 线下”融合。只有合理利用数字用户资源，电商精细化运营才会成为可能。

二、贝店、贝仓的探索与实践

杭州贝贝集团创建于 2011 年，创始团队来自阿里巴巴集团。早在 2014 年 4 月，贝贝集团抢占垂直电商商机，构建了母婴家庭购物平台——贝贝网，通过贝贝集团专业买手的层层精选，消费者可以在贝贝网上买到各种价廉物美的母婴商品，享受妈妈、宝贝专属的一站式购物乐趣，方便又省钱。贝贝网现拥有的家庭女性用户超过 1 亿人。2017 年以来，贝贝集团先后创立贝店、贝仓 2 个模式不同的社交电商平台，从多种维度探索社交电商的发展。

1. 贝店赋能制造的机理

贝店是一家会员制折扣商城，不忘初心，秉承“让更多人过上更好生活”的使命，为消费者提供居家、服饰、美食、美妆、母婴等类别的全球好货。说起会员制，Costco 火爆的销售场景大家记忆犹新。2019 年 8 月 27 日，位于上海闵行区的 Costco 门店开业，火爆场面堪比春运现场：到 Costco 停车要 3 个小时，结账还要花 2 个小时，飞天茅台等众多产品被一抢而光。Costco 是一家靠卖会员卡挣钱的超市，想要进入 Costco 购物必须先交一笔入会费，会费分 2 档：60 美元 / 年和 120 美元 / 年。火爆的秘诀归结于 2 字：便宜。据媒体报道，Costco 非食品类的百货商品价格，低于市场价的 30%—60%，食品类则低 10%—20%。

贝店创立于 2017 年 8 月。与传统平台不同，贝店吸取了世界成功商业的精髓：精选商品、自创品牌、低价销售。通过人与人的社交分享传播，实现消费者、店主及供应链的 3 方连接，将精选出来的好货送达消费者手中。贝店围绕社交互动、内容分享的电商新生态正逐步形成。

（1）贝店 S–KOC–C 模式

贝店开创 S–KOC–C 的创新模式，S 是大供货商，KOC 指关键意见消费者，C 为顾客，如图 7–1 所示。贝店依托“社交 + 供应链创新 + 大数据”的创新模式，打通货源、数据、物流、用户、市场需求之间的无形壁垒，利用数字化和社交分享，实现用户获取、用户触达，为用户提供真正的低价好货，最终使用户价值最大化成为现实。如贝店在最初的产品设计和选品过程中就让 KOC（关键意见消费者）和普通用户参与探讨，提供建议并联合开发，让消费者直接地参与产品的生产及后续流程，可以高效地触达下层用户。而关键意见消费者参与整个预热和流通过程，能更好地把握品牌投放，也可以使品牌传播做得更好。

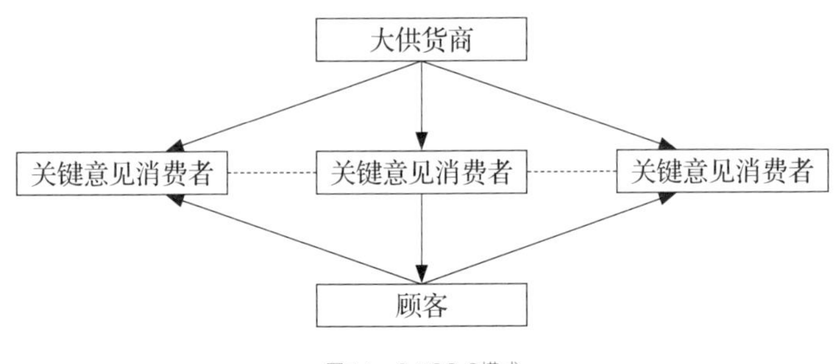

图7-1　S-KOC-C模式

（2）推行工厂优选业务

2018 年，贝店推出工厂优选业务，实现平台直接对接优质工厂，去除所有中间环节，工厂好货可直达消费者，以此保障消费者购买到价格超优的品质好货。贝店“新制造—厂牌 500”计划在 3 年内，通过运营支持、新产品支持、品牌支持三大行动，扶持 500 家覆盖各品类的优秀工厂，助力其实现千万元级以上的年销售额。通过工厂优选，贝店与各个产业带数以千计的优质工厂发生业务往来。如贝店为 500 家入选工厂提供流量、运营思路、数据分析、C2M 反向定制、品牌口碑打造、用户供需模型建立等一系列支持。工厂优选每个商品时，都要经过行业趋势调研、平台用户消费偏好调研、社群精准调研等 3 轮调研，以确定商品的款式、材质和贝店用户的爱好需求。贝店成熟的产品试用体系，为工厂新产品的研发和改进提供了有力的支撑，使改进过的产品更加容易成为爆款；而短时间起量的特性，则有利于工厂迅速扩大品牌影响力。

（3）严格控制产品质量

贝店工厂优选在尽力降低商品价格的同时，严格控制产品质量。贝店设有专门的消费者品控团队，工厂优选每一款上架的产品都要经过选款、收样、社群试调等 10 多个环节，每个环节都严格把控产品质量。如选定款式后，工厂优选会经过 2 次验厂，反复地确认合作工厂的生产资质、硬件设施、产能情况、备货情况等，确保产品上架后，工厂能够及时快速地响应用户，按质按量完成生产；每个预计畅销单品大批量生产之前，都以试用的形式寄送到消费者品控团成员手中，让他们从用户端，对产品的材质、颜值、做工等方面进行质量验证。从产品打样到批量生产、发货等环节，都有专门的工作人员进行产品质量监控；5 次验货期间，任何一次当现场抽检不合格率超过 0.65% 时，工厂优选就会要求合作工厂进行整改或者全部返工。工厂优选对商品质量和价格的控制，已经获得了用户的极大认可，贝店上线 13 个月后，工厂优选已与 832 家工厂建立合作关系，产品订单量超过 1500 万单，销售额突破 6 亿元，其中单日成交额超过 100 万元的工厂达到 253 家。

（4）提供“低价好货”

贝店作为社交电商平台，推出工厂优选业务的主要目的，就是建立源头供应链，去除所有中间环节，为工厂提供几乎免费的推广和销售渠道，使工厂能将节省下来的推广费、渠道成本让利消费者。贝店制订了严苛的货品采购和售后服务体系，加大源头供应链投入，成立“贝店好货联盟”，推出“假就赔、贵就赔、慢就赔”等“三赔计划”，为消费者提供更加极致的购物体验。此外，规范店主管理办法，平台统一单一店主身份，店主可自购也可进行一级分销，直接销售或购买商品才能获得佣金；推出免费开店政策，用户通过分享、互动、签到、购物等方式，积累成长值后可免费开店；倡导建设和谐健康的社群氛围，传播社会正能量，对违规推广和虚假宣传进行共同监管。贝店也能充分发挥平台资源和社群用户优势，聚力打造中小微制造工厂成长的系统性服务平台。

越来越多像贝店这样的电商平台尝试赋能传统工厂后，社交电商将为消费者提供更多的“低价好货”，也能为制造业带来新一轮发展机遇。

2. 贝仓赋能制造的机理

成立于2019年5月的贝仓是贝贝集团旗下的品牌特卖平台，包括贝仓App和贝仓新零售线下店，通过线上和线下融合，为消费者提供品牌正品、更低折扣的购物体验，让更多人享受买得起的时尚。贝仓通过专业买手与大数据的层层选品，整合全渠道特卖货源，不断为用户发现品牌好货，拿到更低折扣，也为小微商家提供“社交店+实体店”的立体式解决方案。目前贝仓已与数千个知名品牌建立深度合作，覆盖女装、男装、运动、鞋包、母婴、居家等品类。

（1）贝仓S2B2C模式

贝仓开创了S2B2C的品牌特卖模式，S是大供货商，B指渠道商，C为顾客，如图7–2所示。S2B2C是一种集合供货商赋能于渠道商并共同服务于顾客的全新电子商务营销模式。贝仓的渠道商不仅仅包括微商、代购、实体店主，还包括个销企业、红人主播、采购商。相对于传统渠道，贝仓上都是大牌正品，品质有保障，自称是“品牌特卖平台”，“大牌、正品、好货”使得贝仓在正式上线7个月内就引入了3500多个品牌，汇聚了近百万名掌柜，打造了上百个爆款产品，为B端渠道商提供了很多极致性价比的货品。

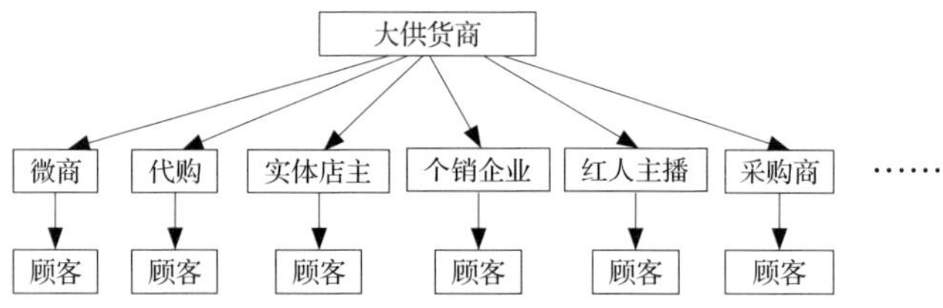

图7-2 S2B2C模式

（2）化解渠道商的痛点

针对传统电商个体创业者的痛点，贝仓为线上零售者提供一件代发、7 天无理由退货、正品保证等服务，并特别为实体店店主提供 45 天无忧退货服务，解决小 B 创业者“卖货赚钱”的后顾之忧。现在，服务项目以提供开放和定制的供应链为目的，提供全方位、一站式、社交性的供应链解决方案，提升供应链效率。

（3）启动百万掌柜计划

贝仓启动“百万掌柜计划”，将孵化出 100 个累计收入超 100 万元的贝仓掌柜。贝仓不仅推出了“百万掌柜计划”，还通过“品牌升级”“体验升级”和“体验官计划”等多项举措全面升级掌柜赋能计划。

（4）自营品牌特卖仓

2019 年 12 月 7 日，贝仓全国首家线下品牌特卖仓（以下简称“贝仓临平仓”）在杭州临平华元欢乐城开业。当天，汇聚全球 100 多个知名品牌特卖和折扣、拥有广阔占地面积的贝仓临平仓，吸引了周边成千上万的市民到店选品抢购。贝仓临平仓单店面积在 1 万平方米以上，内设九大品牌专区，涵盖了男装、女装、鞋包、家居、日化等多个品类，为广大消费者提供了超过 20 万件的品牌好货，是一站式全品类购物中心。贝仓临平仓，还同步设立直播基地，为红人主播提供强大的供应链基础及直播场景，通过直播获取订单并提供用户服务。自营品牌特卖仓的开设，打通线上线下会员体系，打造全新线上线下相结合的新零售模式，让更多人享受到买得起的时尚生活。

三、社交电商赋能制造的展望

市场瞬息万变，新技术与新经济发展日新月异，作为杭州这座科技创新之城的代表性企业之一，杭州贝贝集团经历了与绝大多数互联网创新企业一样的蝶变和发展之路。我国是一个制造大国，有着全球最好的供应链、全球最好的工厂，但很多工厂还没有成功建立自主品牌的能力，而贝店、贝仓正是中间的桥梁，连接着社群和工厂，伴随社交属性融入电商生态，传统工厂与电商间的互补关系将进一步显现。当越来越多如同贝店、贝仓这样的社交电商平台开始赋能传统工厂，社交电商将为杭州乃至全国制造业带来新一轮的发展机遇，贝贝集团也将为杭州建设“重要窗口”助力添彩。

新电商的先锋："网红"孵化器

上城区九堡到处矗立着灰色外墙的工厂大楼，每幢楼里都聚集了许多中小规模的服装企业。作为知名淘宝女装集散地，这里曾孕育了榴莲家、莉贝琳等淘宝品牌，而这些品牌的运营团队如今还有个名字："网红"孵化器。

几乎所有与电商有关的"网红"都绕不开杭州，在上城区东谷创业园华铁2号楼里，深藏着一家国内领先的"网红"孵化机构——杭州缇苏电子商务有限公司（以下简称"缇苏"）。

缇苏成立于2013年10月31日，是一家50人的小电商企业。2015年3月，成功转变"网红"电商模式；5月，获得娱乐工场1000多万元天使轮投资；同年12月，成立事业部，公司总人数达到502人，店铺总数超过30家。主营业务是为网络红人和明星艺人量身打造个人服饰品牌，并通过淘宝等电商平台进行服饰的销售。

2016年4月，缇苏获光线传媒、达晨创投5000万元A轮风险投资；2017年12月，再度获得上合资本5000万元A+轮投资。

2018年9月，公司成为4个首批入驻小红书的MCN机构之一。缇苏与微博、抖音、哔哩哔哩等平台达成战略合作，现签约"网红"超过

90 人，全网粉丝超过 1.1 亿人，视频月播放量 3.4 亿次，合作品牌超过 1000 个，成为国内极少数能够多平台孵化“网红”，并实现广告和多品类电商规模性盈利的公司。

近年来，“网红”经济发展迅猛，它由时尚、社交、电商结合而成，定位精准、覆盖面广，将内容、传播、消费紧密结合起来，并互相驱动、互为支撑，成为具有鲜明特点的新经济现象。

缇苏 CEO 施杰介绍，“网红”一类给用户提供的是娱乐消遣性内容，比如娱乐直播类或者搞笑类“网红”，娱乐“网红”主要靠粉丝打赏和节目广告植入 2 种形式盈利；另一类主要是教大家怎样更好地提升生活品质，如通过视频形式进行美妆教学，定向产出与时尚、打扮、化妆有关的内容，由于粉丝性别、定位人群及行为方式基本是一致的，所以在做电商变现时效率比较高。

“网红”电商兼具内容及渠道属性，能把握新兴的主流消费人群，形成内容、艺人经纪、衍生品业务之间的互联互通。缇苏准确抓住“网红”经济的发展浪潮，目前已拥有大量的自主及知名“网红”服饰品牌，已成为“网红”电商中的一股重要新生力量。

缇苏作为国内最大的“网红”加工厂，借助优质品牌建立、短视频宣传打响了互联网移动交易平台的第一战，成为新电商的先锋。钱塘江畔的杭州，有望通过电商和“网红”品牌再造传统纺服行业辉煌。

电商直播的策源地

《2020淘宝直播新经济报告》显示，杭州是名副其实的直播之都，在全国十大淘宝直播之城当中，杭州排名第一，广州第二。杭州在发展电商直播方面具有很大的优势，而原江干区正在扮演杭州电商发展风向标的角色，也是杭州电商直播最重要的策源地。

据统计，早在2016年，江干区网络零售额实现598.4亿元，排名全省县（市、区）第三。由“网红”带动的经济产出高达580亿元，“网红”经济已走在了全省前列。2019年，江干区实现网络零售额1318.8733亿元，同比增长16.2%，位居全省第二位，仅次于义乌。

一、拥有国内最大的“网红”公司

在杭州原江干区的东方电子科技园，“藏”着中国最大的“网红”公司——杭州如涵控股股份有限公司（以下简称“如涵控股”）。该公司于2001年1月3日在杭州市市场监督管理局登记成立。如涵控股是“网红”孵化器的开创者，拥有众多知名红人电商注册商标和品牌，2016年完成阿里巴巴领投数亿元C轮融资，成为全国最大“网红”孵化机构。公司业务分为“网红”孵化、“网红”电商和“网红”营销三大板块，旗下拥有知名“网红”数百人，如张大奕、大金、魏彦妮、左娇娇等。公司立足于创新应用互联网大数据技术，通过挖掘、孵化各领域有潜力的素人，与外部电商运营团队联合推出红人店铺 IP，并构建以粉丝为中心的营销生态。2019 年，如涵控股赴美上市成功，成为“网红”第一股。作为中国“网红”经济第一股，如涵控股一直受资本追捧。相关资料显示，从 2014 年到 2016 年，3 年的时间里，如涵控股先后从阿里巴巴、联想等机构获得了数亿元的融资，估值也一度达到 31 亿元。截至 2019 年 12 月 31 日，如涵控股已拥有签约 KOC 共计 159 名，合作品牌数量达 961 个。

二、成立全国首个“网红”巾帼联盟

钱塘智慧城作为国内电商直播第一城，依托良好的上下游资源大力发展数字时尚产业，更是集聚了一大批女性网络红人在这里创业奋斗。2020 年 3 月 12 日，全国首个“网红”巾帼联盟在杭州钱塘智慧城东谷创业园成立，由全市推选的 51 位杭州市“网红”巾帼联盟成员被任命为“杭州‘网红’巾帼公益大使”。电商“网红”的网络影响力强，在此次新冠肺炎疫情期间，电商“网红”们利用自身优势，一起为战“疫”助力。例如，2020 年 2 月 11 日晚，如涵控股张大奕就进行了一场特别的直播，筹集的义卖善款全部捐赠给爱德基金会用以赠送爱心餐。2 月 14—17 日，修格旗下“网红”“草莓小姐姐”连续 4 天在淘宝直播平台免费包邮派送口罩，累计派送口罩 4 万个。原江干区还依托“网红”助力中国服装第一街打赢疫情防控阻击战，通过线上线下等多种方式的暖心服务，帮助街区内各个经营户在疫情特殊时期拓展销售渠道，把新冠肺炎疫情对服装街区各个市场和各个经营户的影响降到最小。

三、原江干区政府的呵护与支持

原江干区商务局以市场为导向，立足创新发展服务企业，鼓励传统商业开展“网红 + 微商”“网红 + 消费体验”“网红 + 智能导购”的营销探索，与“网红经济”有机接轨，增强销售适应市场变化的能力。在培育上，组织推荐各个商贸企业参加各类电子商务创业创新大赛、“网红经济”培训及沙龙活动，充分发挥“网红”的作用，促进行业向上发展和行业销售新高。在平台建设上，支持利用“杭州女装网”等电商平台及专业市场构建“网红经济”O2O 模式战略运营体系，整合国内外产业链资源，打造“一站式”智慧购物服务平台网络。在区文化中心成功举办多场“网红”电商专场沙龙，原江干区商务局组织“网红”电商授课、企业案例分析、圆桌论坛等活动。2020 年 5 月，原江干区委组织部重磅发布《关于建设高端商务人才集聚区、推动中央商务区高质量发展的实施意见》，给予钱江商务精英人才 30 万元现金发展资助，给予钱江商务青年人才 10 万元非现金发展资助。并提出用 5 年时间，把原江干区建设成为商务核心功能更加显著，高端商务人才更加聚集，国际商务要素更加健全，全市领先、全省示范的商务人才发展高地。

参考文献

［1］朱戴林 . 西湖绸伞的设计之美［N］. 美术报，2014-02-01（21）.

［2］徐洁萌 . 西湖绸伞制作技艺［J］. 浙江档案，2010（1）：45.

［3］徐洁萌 . 让“西湖之花”重新绽放［J］. 浙江档案，2010（1）：47.

［4］红雨 . 绚丽多彩的西湖绸伞［J］. 杭州商学院学报，1981（3）：52-53.

［5］何平 . 杭州市非物质文化遗产大观：传统手工技艺卷［M］. 杭州：西泠印社出版社，2008.

［6］马时雍 . 杭州的工艺美术［M］. 杭州：杭州出版社，2003.

［7］金家琦 . 工业设计与人才培养［J］. 科学学与科学技术管理，1994（12）：21-22.

［8］李亚军 . 工业设计人才培养模式与实践［J］. 装饰，2003（8）：65-66.

［9］宁绍强，穆荣兵 . 工业设计人才培养探讨［J］. 包装工程，2004（6）：126-130.

［10］吕慈仙 . 基于两类生源的工业设计人才培养体系［J］. 高等工程教育研究，2011（6）：146-149.

［11］董英娟．开展高职工业设计专业人才实践教学的路径［J］．中国人才，2013（6）：238-239.

［12］邓碧波，范圣玺．设计设计师：工业设计专业人才培养研究［J］．南京艺术学院学报（美术与设计版），2013（1）：156-159.

［13］胡文超，陈童，舒湘鄂，等．工业设计行业现状及其人才培养方式研究：温州市政府文化研究工程项目报告［J］．科技管理研究，2009，29（6）：510-512.

［14］欧志葵．粤港澳探索构建湾区文化产业带［N］．南方日报，2017-05-15（A19）.

［15］张玉玲，张志国．丝绸之路文化产业带如何焕发新生机［N］．光明日报，2014-05-12（004）.

［16］王青亦．丝绸之路文化产业带的文化发展策略研究［J］．华侨大学学报（哲学社会科学版），2015（3）：77-83.

［17］诸葛达维．试论浙江海洋影视基地集群建设：以浙东海洋文化产业带为例［J］．东南传播，2014（4）：44-49.

［18］中共杭州市委宣传部，杭州市文化创意产业办公室．杭州文化创意发展报告 2014［M］．杭州：杭州出版社，2015.

［19］中共杭州市委宣传部，杭州市文化创意产业办公室．杭州文化创意发展报告 2015［M］．杭州：杭州出版社，2017.

［20］中共杭州市委宣传部，杭州市文化创意产业办公室．杭州文化创意发展报告 2016［M］．杭州：杭州出版社，2017.

［21］中共杭州市委宣传部，杭州市文化创意产业办公室．杭州文化创意发展报告 2017［M］．杭州：杭州出版社，2018.

图书在版编目（CIP）数据

钱塘设计 / 周旭霞著 . — 杭州 : 浙江工商大学出版社 , 2022.5

（“钱塘江故事”丛书 / 胡坚主编）

ISBN 978-7-5178-4886-8

Ⅰ . ①钱… Ⅱ . ①周… Ⅲ . ①产品设计—研究—浙江 Ⅳ . ① TB472

中国版本图书馆 CIP 数据核字（2022）第 054950 号

钱塘设计

QIANTANG SHEJI

周旭霞 著

出 品 人 鲍观明
策划编辑 沈 娴
责任编辑 费一琛
封面设计 观止堂_未氓
责任校对 何小玲
责任印制 包建辉
出版发行 浙江工商大学出版社
（杭州市教工路198号 邮政编码310012）
（E-mail：zjgsupress@163.com）
（网址：http://www.zjgsupress.com）
电话：0571-88904980，88831806（传真）
排 版 浙江时代出版服务有限公司
印 刷 浙江海虹彩色印务有限公司
开 本 880mm × 1230mm 1/32
印 张 7.5
字 数 179千
版 印 次 2022年5月第1版 2022年5月第1次印刷
书 号 ISBN 978-7-5178-4886-8
定 价 68.00元